tory of Fragrance

y Elise Vernon Pearlstine

by Yale University Press

ranslation copyright © 2023 by Social Sciences

na)

The Unique World

方
寸

方寸之间　别有天地

［美］埃莉斯·弗农
Elise Vernon

香味的†

王晨一译

社会科学文

SOCIAL SCIENCES ACA

献给倾听我故事的伦纳德

以及艾莉森、迈克、本、蒂姆、安德鲁和艾弗里

献给米歇林

她帮助我找到了自己的声音

目 录

序

早在有历史记载此类事情之前，人们就会往地板上撒香草、用松枝净化室内空气，或者用浸泡过花瓣的油擦手，以此来为自己的生活增添芬芳。如今，人们家中可能会有一两支香薰蜡烛，气味芬芳的乳液、香水和饮剂，甚至连厕纸都带有香味。园丁们珍视芳香植物，急切地等待着芬芳的丁香花绽放，面对一束鲜花，几乎每个人都会将鼻子埋入其中，嗅一嗅花朵和绿叶散发出的馨香气味。去任何一家书店瞧瞧，你都能找到关于园艺的图书，甚至还有些专门针对特定植物门类或特定地区园艺的图书。还有越来越多的图书关注植物的行为——它们如何对彼此做出反应、如何吸引传粉动物，以及如何与环境相互作用。你也可以找到关于香水和香味的博客和图书。将这些主题联系在一起的，是名为植物次生化合物的芳香族化合物，它们在植物的防御、传粉、行为、环境反应和健康方面发挥着作用。本书将故事和科学融合在一起，带你穿越历史，走遍世界各地，调查植物产生的气味强烈的分子以及它们如何影响我们的世界。虽然我们喜爱芳香植物及其产品，但人类在芳香族化合物［又称挥发性有机化合物（Volatile Organic Compounds，VOC）］的进化中只发挥了次要作用。植物的进化为我们提供了香水、熏香、饮剂和药物的原料，而驱动这种进化的是飞蛾、蜂类、甲虫、蝙蝠、真菌和微生物。作为调香师和博物学者，我通过对芳香植物以及它们体型微小的朋友和敌人的认识，找到了研究和撰写本书的灵感。

香味的博物志涉及熏香、香料、花园和香水的故事。从乳香到茉莉，植物通过芳香族化合物在花朵、叶片和种子中发挥的作用向我们展示了它们与人类及其周遭世界的关系。环境特征（常称作风土条件）影响植物产生的挥发性物质，而本书将香味植物及其产物置于其故乡的土壤中进行考察。历史催生了熏香、香料等芳香产品，多种产业也建立在芳香成分的基础之上。无论是闻自家花园的花香，使用香料烹饪，还是用香水为个人空间增添馨香，古代和现代的全球贸易和制造业模式都为这些亲密体验提供了时代背景和对比。

对香味的感知是一件很难量化的事情，它非常个人化，而且我们用来描述香味的词语也少得可怜。对于本书提到的植物，我对气味的描述来自对植物精油和植物提取物的了解，而这些知识源自我多年来在建立自身气味记忆过程中进行的比较，此外我还使用了文献中的描述性词语。每个人闻到气味的方式并不相同，而我的目标是为如何体验和描述一种气味提供一些基础，并向读者展示一种方法，去细嗅、描述和享受我们所有人身边的这个芬芳世界。在关于挥发性有机化合物的写作中，我需要命名和描述那些影响植物与环境相互作用的分子。取决于你的兴趣，你可以将书中提到的成分视为植物使用的工具，或者如果你在这方面有足够大的兴趣，还可以阅读并了解香味背后的更多相关化学原理。植物药用是一种古老实践，也是当前许多研究的主题，但除了少数几个例子，我选择避开对医学用途的讨论，以保持对香味的专注。

虽然我们没有让蔷薇散发香味，也没有让乳香树滴下芳香树脂，但正是这些被我们称为芳香的植物次生化合物将我们的故事交织串联起来。挥发物被植物制造，并从受损的叶片、娇嫩的花瓣、富含树脂的树干、绿色的茎、花粉、花蜜、种子中释放出来，以应对传粉者、掠食者和病原体。除了一小部分专门为香味而培育的植物，我们欣赏和使用的气味既不是我们创造的，也不是为我们创造的。

我的故事主要讲述我们从古代到现代使用芳香物质的历史，主题包括：精神和神秘主义；权力、革命和控制；花园；

xi

与芳香有关的香水、产业和时尚。对于人类而言，故事始于神秘主义，带香味的烟雾升腾着直抵天空，甜美的气味相当于发送给神灵的信息。乳香、没药、大麻脂和柯巴脂等树脂以及檀香和沉香等木头有着用于熏香和贸易的悠久历史。树木中的分子很复杂；分子量通常较大，具有疗愈作用，而且在香水产业、传统医学和宗教中很受重视。树脂闻起来有松树、柠檬、清新和萜烯的气味，在林地散步时或者在升起的熏香烟雾中，可以闻到这些小分子的芳香。

香料虽然小得可以装进厨房架子上的小瓶里，却散发着浓郁的香味，并且对人类的贸易和探险产生了全球性的影响。曾经有一段时间，胡椒、丁子香、肉豆蔻、姜和小豆蔻等香料的神秘来源一直是秘闻和传说的主题。探险家们按照这些难以捉摸的线索寻找香料来源，以帮助他们建立帝国并创造巨额财富。香料是草本植物、藤蔓和树木的花、果实、树皮、根和种子，每种香料都通过一套通常具有抗菌和保护作用的分子产生独特的芳香和味道。它们的栖息地是世界上气候温暖的林地和偏远的岛屿。

花园是香草、花卉的家园，这些植物制造香味是为了吸引传粉者，但它们的香味也吸引着我们，让我们沉浸在它们的美丽和芬芳中，并小心谨慎地照料它们。人类社会似乎自古以来就有花园，而花园也总是和种植它们的人一样多种多

xii

样。香草花园的建造通常很简单，用途也直截了当——种植薰衣草、迷迭香和其他有香味的植物，用于治疗和烹饪。另外，财富供养着宏伟的花园和其中丰富的植物，以提供一个休憩之地，一个让人可以"闻闻花香"、忘却尘世俗务的地方。植物猎手一直在寻找不同寻常的种类，其中一些物种如今生长在世界各地的植物园中。作为标志性的园艺花卉，蔷薇有着悠久而复杂的历史，而且有些蔷薇茁壮生长在花园之外的野外生境以及古老建筑的周围。

如果一本关于芳香的书没有香水制造的故事以及为了美丽和吸引力而提取香味化合物的内容，那它就是不完整的。花朵是创造和混合芳香分子的大师，可以产生数百种不同的芳香族化合物，共同创造出独特的花香——一种可以被飞蛾、蝴蝶、蜂类或甲虫嗅到的气味，诱使它们靠近，啜饮一点有甜味的花蜜，顺便再将一小包花粉送给另一棵植株。飞蛾和花烟草之间的关系生动地例证了这些挥发性分子的吸引、排斥和保护作用。在法国南部蔚蓝色地中海附近的石灰岩山脉中，有一座名叫格拉斯（Grasse）的城市，那里生长着薰衣草，还有长势茁壮的茉莉。由新鲜柑橘前调、花香中调和麝香木质尾调构成的香水是早期香水制造和芳香物质提取行业的基础。

现代香水诞生于工业和科学的交界处，人类在实验室中创造出了合成分子。调香师开始使用它们创造幻想，而可

xiii

可·香奈儿（Coco Chanel）等富有远见的人看到了将香水和时尚结合起来的机会。如今，单一成分及复方混合物取代了更昂贵的植物提取物，每年为时尚界推出数百款甚至数千款香水。新的工具和消费者需求促使香水公司重新回到植物分析这一领域，并使用小型微生物工厂生产生物芳香剂。

在我写下这些文字时，世界正处于转折点。处于气候灾难之中的我们，（我不敢相信我正在写这句话）正在试图找出摆脱全球大流行的方法。当你阅读这本书时，那些种植香料的许多小农场和原住民的故事可能会吸引你的注意力，或者你会对那些标志性的濒危物种感兴趣，它们深受人们喜爱，以至于得到了"参议员"（Senator）或"曾祖父"（Gran Abuelo）*之类的名字。你可能会注意到地中海地区（那里种植着最受欢迎的香草和精油植物）气温和降水之间的微妙平衡，或者生产神秘沉香的森林景观所面临的挑战。知识可以是力量，而我希望读者能够使用本书中的知识做出芳香的选择。我也热切希望读者能够借此机会放慢脚步，欣赏自己周围的芬芳环境，在树下或花坛附近停下脚步，在自己的花园里种植一些有香味的花或草，甚或学习一两种使用不寻常香料的食谱。然后走出家门去支持当地的植物园，参与公园清理活

---

* 这是两棵树的名字，关于这两棵树在页边码 166 有详细介绍。——译者注（书中脚注皆为译者注，后不再标示）

动，调查研究有机园艺的使用，并找到令这个世界上的土壤、昆虫、微生物和植物健康长久存续的途径。

这不仅仅是一本关于香味和香味产业的书，它讲述的是芳香植物在我们的历史和生活中的位置。这本书适合园丁、香水发烧友、芳香爱好者、徒步者和散步者、厨师、昆虫爱好者、为了种植传粉植物而毁掉草坪的房主，以及那些嗅一切东西，对蔷薇或薰衣草充满热情，或者想对自然香气了解更多的人。或许你只是单纯地认为植物和昆虫可能拥有某种秘密生活，而你想要更多地了解那个世界。

致 谢

感谢我的编辑简·E.汤姆森·布莱克（Jean E. Thomson Black）对一本关于芳香分子的书的信任并为我提供专业指导；感谢玛莎·霍普金斯（Martha Hopkins），我杰出的代理人，她在这段旅程中指引我，并在看到蜜蜂和花朵时给我打电话；还要感谢艾莉森·拉森（Alison Larsen）帮助我弄清楚如何讲述这个故事。感谢伦纳德·珀尔斯汀（Leonard Pearlstine）在这段漫长旅程中对我的支持，感谢他担任我的参谋，让我踏上自己的"芬芳"之路。感谢耶鲁大学出版社才华横溢的团队：制作编辑玛丽·帕斯蒂（Mary Pasti）；编辑助理阿曼达·格斯滕费尔德（Amanda Gerstenfeld）和伊丽莎白·西尔维娅（Elizabeth Sylvia）；书籍设计师达斯汀·基尔戈（Dustin Kilgore）；印制经理凯蒂·戈尔登（Katie Golden）。感谢文稿编辑劳拉·琼斯·杜利（Laura Jones Dooley）。感谢安雅·麦考伊（Anya McCoy），我的老师和顾问，以及曼迪·阿夫特尔（Mandy Aftel），我的老师和鼓舞我的人。感谢杰西卡·汉娜（Jessica Hannah）、玛吉·马布比安（Maggie Mahboubian）和梅兰妮·坎普（Melanie Camp），他们让我开始这项工作，并帮助我相信自己可以做好这件事。感谢吉比·库利亚科赛（Giby Kuriakose）博士分享他在田间种植小豆蔻的经验，感谢特吕格弗·哈里斯（Trygve Harris）分享她对乳香的实地调查。感谢唐娜·海瑟薇（Donna Hathaway）、苏珊·马林诺夫斯基（Susan Marynowski）、邦尼·克尔（Bonnie Kerr）和艾达·迈斯特（Ida Meister）阅读本书各部分草稿并提供有用的意见。感谢大卫·豪斯（David Howes）博士、斯蒂芬·布赫曼（Stephen Buchmann）博士和一位匿名读者见解深刻的评论和支持。感谢米歇林·卡门（Michelyn Camen）和香水博客网站花妍（ÇaFleureBon）团队，他们撰写了关于芳香的精彩文章，给了我灵感来源。感谢埃里克·拉森（Eric Larsen）向我介绍了画底色*技术及其与茉莉有什么关系。感谢香水匠人和熏香师道格拉斯·德克尔（Douglas Decker）、凯特琳·布林（Katlyn Breene）、JK·德拉普（JK DeLapp）、丹·里格勒（Dan Riegler），他们帮助我塑造芳香世界。感谢克里斯多弗·麦克马洪（Christopher

---

* 见页边码 185 作者为黏土涂釉彩的经历。

McMahon）见识渊博的与异国芳香相关的博客文章，以及多年来赠予我的许多美妙的芳香油。感谢我的父母弗恩·弗农（Fern Vernon）和利奥·弗农（Leo Vernon）一直拥有一座花园；感谢父亲用5英尺*长的撬棍移动巨大的犹他州大圆石，开辟出花园；感谢母亲将它变得赏心悦目。感谢我的兄弟姐妹瑞克、马蒂、吉尔和埃里克分享他们的冒险经历并帮助我记住某些东西。感谢植物吸收阳光、空气、水和尘土，创造出美和香味。感谢我们的星球和那些爱护星球上的花园、公园和荒野的人们。

---

*　1英尺等于0.3048米。

引 言

迎着阳光举起一片来檬树叶放在眼前，你可以看到数百个小小的气味孔；剥去来檬的皮，少许液体会喷洒出来，散发出的新鲜气味直扑鼻腔。在树林里徒步，把手放在一棵大松树上——你的手可能会粘上黏稠的树脂，它散发着树林和阳光的气味。将有香味的蔷薇插在花瓶中，香气会充满房间，这也许还会让你想起自己所爱的人。研磨小小的黑胡椒粒，可以闻到刺鼻的香料味与木材和柑橘的芳香气味。然后，花点时间感激创造了这些味道的植物吧，这些香气并不是为我们创造的，而是为飞蛾和甲虫、细菌和真菌、蜂类和蝴蝶、传粉者和掠食者创造的。这个故事的主题是，植物在与周围世界相互作用以吸引传粉者、抵抗病害、驱赶食草动物和治愈自己时，它们如何创造和操纵挥发性化合物以及为什么要这样做。这个故事还会讲述世界各地的人和他们的植物，并且沿着从史前到中世纪再到工业化世界的历史和文化脉络讲述。

在这段旅程中，我们将发现烟雾、信仰、秘密、权力、民族建构、财富、上瘾、憎恶、时尚和诱惑。

对我而言，和我们当中的很多人一样，香味的故事始于我身边的环境——烘焙饼干的气味、香薰蜡烛营造出的舒适感、干旱的沙漠夏季过后落在杂酚油上的雨水、漂亮的粉色兰花以及肥沃花园里的泥土味道。我对香气的迷恋与我的调香师工作有着错综复杂的联系：我利用自己的经验和关于香味的故事来帮助自己制作香水，以某种方式再现植物的无意识行为。有时，我会先盯着装满芳香物质的琥珀色小瓶，对于每种芳香物质我都了如指掌，在我创造香味时唤起自己的气味记忆。在其他时候，我将一条细长的吸墨纸浸入其中一个琥珀色瓶子里，闭上眼睛，开始呼吸。然后我再用另一条吸墨纸蘸取另一种芳香物质，于是我闻到了两种香气——随着一次又一次地吸入气味，并令气味成为唯一重要的东西，这样我就逐步创造出某种芳香。有时，这些成分会共同讲述一个故事，唤起一种情感，或者只是通过香味来满足对创造力的渴望。

对我们而言，植物最令人熟悉的一面是作为食物——维持生命的水果、蔬菜和谷物，但我们也很重视它们的香味并在使用它们的香味。虽然并不是我们让蔷薇散发香味，也不是我们让乳香树留下气味芬芳的泪滴，但我们将要讲述的故事是相互交织的，它们通过所谓的植物次生化合物联系在一起。

为了生存，植物需要养料和生命结构，为此它们制造蛋白质、脂肪和碳水化合物，为自身提供支持和营养。因为这些基本化合物是植物新陈代谢中实现基本生命功能所必需的，所以植物将大部分能量和资源投入其中。这些分子还可以被植物控制并形成有香味的化合物，例子之一是将彩色类胡萝卜素转化为带有堇菜香味的分子（名为香堇酮）。繁殖和抵抗疾病是仅次于生长和营养的其他关键的生命过程。植物无法移动位置以寻找配偶或避免疾病，因此它们会从花朵中向空气释放芳香族化合物以吸收传粉者，或者从受损叶片和茎中释放挥发性分子以阻止掠食者、抵御疾病和治愈自身组织。这实际上意味着影响植物香味的是飞蛾传粉者、小型昆虫掠食者以及细菌和真菌病原体，而不是人类。除了一小部分专门为香味而培育的植物，这些我们欣赏和使用的气味既不是我们创造的，也不是为我们创造的。然而，自从人类第一次咀嚼薄荷叶或者使用气味芬芳的松树树枝生火以来，我们就一直十分看重植物的气味和疗愈特性。

3

PART 1

熏香、木头和树脂

对于人类而言，故事始于神秘主义和升腾到天空中的带有香味的烟雾。火曾经意味着抵御黑暗和恐惧，但它也将木头和树脂变成了转瞬即逝的东西，创造出一种升腾到夜空、令人精神振奋的香气。乳香树和没药树都会产生树脂，其历史可以追溯到古埃及人，他们在神庙中使用树脂祭祀，还用它来保存尸体。数以吨计的乳香和没药树脂从非洲之角*被装上船只，或者在环境恶劣的阿拉伯半岛沙漠深处被装进骆驼商队的行囊，通过连接东西方的早期贸易路线到达世界其他角落。这些树在干旱和多岩石的土地上缓慢生长，会产生带香味的树脂并将其当作药膏，用来覆盖受伤的树皮并帮助自己抵御病原体的侵袭。在世界的另一端，美洲的树木会产生一种名为柯巴脂的树脂，长期以来一直用于崇拜仪式和神秘主义。随着精油浓缩在最古老的树枝、树干和树根中，檀香树的心材随着岁月流逝变得

---

*　非洲东北方向突出部，包括埃塞俄比亚等国。

美丽，木头的颜色随着年岁的增长变深，并散发出浓郁而宝贵的香气。要想提取芳香油，必须牺牲树木，木材必须经过蒸馏，这个过程通常使用千百年来未曾变化的技术和工具。来自南亚的另一种珍贵树种沉香有时会因为感染长出富含树脂的深色心材。它的香味并不那么讨喜，带有一丝谷仓的气味，但也有烟草和皮革甚至浆果的气味。然而，沉香是最受欢迎的最珍贵的芳香木制品之一，人们简直爱死了它——几乎所有自然生长的沉香树都遭到了砍伐。

6

阿拉伯乳香树，阿曼

01 火炬木：乳香、没药和柯巴脂

这棵乳香树体型小且多节瘤（节瘤的多寡通常表明其年龄），生长在阿拉伯沙漠的一处干谷中，那里在冬季偶尔会有水流过。它的树皮跟纸一样，而且有些部位已经剥落。树皮上有只小甲虫被困在树脂中，而被这种黏稠物质覆盖的地方，树干闪闪发光。再往下，泪珠状的小液滴沿着树干向下移动并在途中凝固。如果你将一只手放在树干上，你的手可能会沾上一点带香味的树脂，它已经被烈日软化成了一小块黏稠的碎片：它散发着典型的树脂气味，但其中也掺杂有柠檬香气，柔和而且似乎有些好闻。树脂是由植物表面或组织内部的特化结构产生和分泌的；相比之下，树液则携带水分和养分循环于植物全身。[1]树脂的另一个特点是含有挥发性化学物质——其中含量最丰富的是萜烯，而且树脂可能对植物与周围世界的相互作用产生重要影响。树脂通常在树干内产生，也可能以黏稠并略呈液态的形式从叶片、新生部分、球果或花中渗出，而且它们的硬度以及其他物理特性如黏稠度、颜色和香味都存在差异。许多植物类群已经进化到可以产生成分相似但混合比例不同的树脂，以服务于各种各样的目的，从防御食草动物和病害到防止脱水和抵御具有破坏性的紫外线。反过来，树脂还可能吸引传粉者以及其他将这种黏性物质用于防御、修筑巢穴或庇护所的动物。

乳香树和没药树都以泪滴的形式从树干中渗出树脂。乳香树脂颜色不一，从近乎白色到可爱的绿色再到深琥珀色，而没药树脂几乎总是呈现一种透明的棕色。乳香的香气有明显的树脂气味，还带有淡淡的柑橘香或花香，而没药闻起来是更苦的药味，但带有一种神秘而复杂的香气。在世界的另一端，乳香树的近亲生长在中美洲和北美洲的热带森林和沙漠中，会产生一种与乳香树脂气味相似的芳香树脂，名为柯巴脂。并非只有树木才会产生树脂，有时一朵花也会产生这种黏稠物质，如大麻植株。大麻闪闪发亮的花蕾散发恶臭，富含树脂且充满芳香族化合物和影响神经的成分。大麻也可用于纤维生产，而且可能是最早的栽培植物之一：在被人类发现以来的千百年里，它的芽和种子已经传播到了世界各地。[2]

当我们在这本书中了解香味如何以及为何被制造出来时，将用化学名称探索它们的香味成分。这些成分很重要，因为它们决定了植物对环境挑战的反应以及给人类社会带来价值的芳香。在产生树脂的植物中，芳香都和萜烯有关。萜烯是种类繁多的植物化合物，大烟雾山（Smoky Mountains）中的烟雾、圣诞树的香味、柑橘果皮的新鲜气味、大麻的复杂香气都与萜烯有关，它也是松节油中松脂的主要成分，还是香料中尖锐花香气味的主要来源。单萜烯（monoterpenes）是围绕一条由10个碳原子构成的主链形成的有机分子，在有机化合物的世界中，它们的分子量很小。这种挥发性让它们既可以用作香水的前调，也可以用作香料的辛辣香调；当我们喷香水或研磨香料时，它们会首先冲进我们的鼻腔。有时一个含有5个碳原子的基团会加在单萜烯上，产生倍 11半萜烯（sesquiterpene）分子。倍半萜烯分子较大，因此挥发性较弱，这意味着它们蒸发得很慢——它们是檀香和沉香中的重要芳香元素，也使其他木材和香料中的一些气味更微妙。[3]

　　萜类化合物是植物中树脂的常规成分，而且是植物与周围世界相互作用的一种方式。分子的名称常常暗示了它的香味。蒎烯（pinene）存在于松树等针叶树中，也存在于黑胡椒、小豆蔻和多香果等香料中，还存在于罗勒、莳萝、薰衣草和迷迭香等香草中，以及黑莓和柑橘等水果中。柠檬烯（limonene）基本上是纯粹的柑橘气味，当然有些人会觉得它有种家用清洁剂的气味。柠檬烯大量存在于柑橘类水果中，也存在于许多香料、其他水果和常绿树木中。月桂烯（myrcene）存在于香料、柑橘、桉树和香草中。它的香味可以被形容为辛辣或香草味、香脂味（意思是树脂味但也有香甜的香子兰气味），甚至略带蔷薇香味。萜烯的种类还有很多，但上述这些常常出现在各种植物和植物的各个部位中，它们可能会引起食草动物的反感，或者吸引以食草动物为食的掠食者，但也会融入花的芳香。倍半萜烯的挥发速度较慢，进入我们鼻子的时间较晚，并且提供复杂的木质香调。富含树脂的沉香拥有高度复杂的香味，这是 150 多种芳香族化合物造成的，其中部分是倍半萜烯，而令檀香散发香味的不是树脂，而是积累倍半萜烯的心材，这赋予它一种迷人、珍贵的木质香调，其中还带有黄油和动物的气味。

在这里，我们将开始讲述挥发性分子和制造它们的植物的故事，也就是植物芳香物质的来源和原因。我们还会探讨植物与环境互动机制的多样性、植物的生命故事、栖息地，以及气味背后的关系。因为这个故事也是关于人的，我们关注香味对我们的历史和文明的影响，所以会有关于人类、道路、宗教、仪式、烟雾、香水和熏香的传说，这些传说古老如同时间，宽广如同世界。

乳香树属于乳香树属（*Boswellia*），它们生长在阿拉伯半岛的沿海地区，是橄榄科最著名的成员，该科的英文名称为"torchwood"（火炬木）*。由这些树组成的稀疏森林生长在阿拉伯半岛南端的岩石和沙子之中，雨季被浇灌的山脉与干旱的沙漠生境在那里相遇，而乳香树就在这种资源贫乏的环境中努力生长。香味是这些古老的树木从它们荒凉的栖息地中得到的馈赠，而且这种香味受到很多人的追捧并被奉为神圣之物。作为一种贸易商品，乳香在历史上长期受到高度重视，这与骆驼的驯化以及穿越阿拉伯半岛的熏香之路（Incense Road）的发展有关，早至公元前1500年，这条商路就为该地区带来了货币、商品和发展。[4]乳香的英语名称"frankincense"提醒我们，这正是熏香的定义；它来自古法语"franc encens"，意为纯粹的熏香或者纯粹的照明。树脂中的芳香族化合物是在植物组织中产生的，它们具有保护作用，有助于抵御真菌感染、驱赶来袭昆虫、防止干燥，以及密封受伤的组织。乳香树的树脂通常呈浅色，像眼泪一样渗出，先在树皮上流动一段距离，然后在树皮伤口周围硬化和凝固。

当你第一次体验乳香泪滴时，一股典型的树脂气味可能会压倒其他成分，但是如果你能让自己的鼻子绕过树脂气味，就可以感受到各种清新、柑橘甚至花香香调。我发现充

---

* 不要与漆树科的火炬树（*Rhus typhina*）混淆。

分感受这种芳香的最佳方法是稍微加热乳香树脂,让它们熔化,也许可以冒一点烟,但不至于到燃烧的程度。霍加里乳香(Hojari)又称阿曼乳香(Omani),来自佐法尔(Dhofar)的阿拉伯乳香树(*Boswellia sacra*),是一种可爱的浅绿色或柠檬色树脂。这些高品质的树脂泪滴拥有经典的乳香木质树脂香气,琥珀色的树脂还带有新鲜的甜味和泥土味。我的最爱之一是来自索马里的麦迪乳香(maydi),它来自波叶乳香树(*B. frereana*),呈金琥珀色,典型的乳香香味中交织着明显的清新柠檬香气。另一物种纸皮乳香树(*B. papyrifera*)来自索马里和非洲之角,被天主教会用在熏香中。

与乳香类似的另一种树脂是没药。没药树属(*Commiphora*)有很多物种,但通常用在药物中和用来生产精油的是没药树(*C. myrrha*)。没药树生长在和乳香树类似的生境中,也会产生一种具有疗愈作用的树脂,它也是熏香之路上有价值的贸易商品。这种深琥珀色树脂可与乳香混合使用,是熏香、香水和传统药物的重要成分。在历史、生态和用途方面,没药和乳香有许多相似之处。[5] 没药精油的芳香是温暖、辛辣的,带有一股香脂味和药味。没药有一抹独特的琥珀感,用在香水中效果很好,但它的主要用途是与乳香搭配用在熏香中,以及作为传统药物用来治疗皮肤疾病和口腔疾病。

乳香树看上去非常杂乱,但它的花朵会散发甜美的气味,而且从其树干和茎中渗出的树脂被认为比黄金还要珍贵。它们天然生长于阿拉伯半岛沿海和撒哈拉以南非洲。要想找到它们，你必须徒步穿过阿拉伯半岛的干谷，然后爬上干燥多岩石的石灰岩悬崖和丘陵，它们包围着已基本干涸的水道。穿过红海和亚丁湾，在非洲之角贫瘠的土壤和陡峭的山坡上，你将沿着另一片布满岩石的景观攀登，找到稀疏干旱森林，乳香树和没药树便在那里茁壮生长。这些坚韧的物种从土壤中吸收养分，结合稀少的雨水和沙漠的微风，创造出珍贵且有疗愈作用的东西，这些东西便是用在仪式当中并为当地社区提供生计的树脂泪滴，当地人为了满足世界其他地方的需求而采集这些树脂。⁶

包括纸皮乳香树在内，厄立特里亚和埃塞俄比业的乳香树可以长到大约 30 英尺高。它们是古埃及人想要获得的产树脂树种，厄立特里亚周边地区被他们认为是树脂的产地，即神秘的蓬特之地（Land of Punt）。在石质土且降雨极少的恶劣环境中，这些树在 8 岁左右的时候芳香树脂产量最高。乳香树的树叶是绿色且卷曲的，在春天簇生于树枝末端。纸状树皮很薄，从多分枝的树干上剥落，而膨大的树干基部将乳香树固定在陡峭的悬崖和多岩石的斜坡上。树叶在旱季开始时脱落，散发甜香气味的花在早春绿色新叶萌发前绽放。本土传粉者很喜欢这些树，当地的蜜蜂会飞到花丛中寻找花粉和花蜜，产出优质的蜂蜜。乳香树似乎在条件严苛的多岩石生境中生长得最好——在适宜的条件下，如果放任其自由生长并且不受火灾和牲畜放牧的影响，它们会大量自播而且幼苗也会生长得很好。然而，过度消耗以及其他压力会对自然种群产生负面影响。山羊和骆驼啃食它们，天牛钻进它们的树干，当地居民开垦土地用于农业生产，树脂采集者偶尔的过度采收，都对这些树木有害。随着乳香越来越受欢迎，采集量越来越大，科学家们对其可持续性产生了担忧。在有些地方，乳香树由于这些压力的存在无法维持健康的种群。但有些研究也表明，可以通过建立围栏牧场和防火带以及可持续采集树脂等方式维持乳香树种群。这些树脂为生产乳香（和没药）的国家提供外汇，是很多当地采集者的重要收入来源。[7]

横跨亚丁湾，沿着也门和阿曼海岸，阿拉伯乳香树生长在阿拉伯半岛南部富饶的沿海云雾林的内陆区域。为了了解它的分布，我们开始调查沿海的植被和降雨模式，然后向内陆推进。我们了解到，在3～10月，一股来自印度洋的季风吹过阿拉伯半岛。这股海风在白天可以降低气温，而当夜幕降临时，它又会使湿度升高，从而形成笼罩在高地上方的浓雾。水分从空气中分离，要么凝结在植被表面然后缓慢落到地面，被干渴的根系吸收，要么聚集并形成一种雾状降水。乳香树

15

可以生长在潮湿地区，但在这种环境下产出的树脂品质较差。在更深入内陆的地方，干谷穿插在更干旱的山区中。在凉爽湿润的高地后面，是提供降水的雾无法触及的地方，但有时会吹起凉爽的风，那里的干谷和旱生林支撑着最受人类欢迎的乳香树。[8]

　　阿曼佐法尔地区的小城塞拉莱（Salalah）将用作地理方位参照点。塞拉莱几乎正好坐落于阿拉伯半岛南端的中点。阿拉伯乳香树的健康种群生长在西边的阿尔－穆格赛尔（Al-Mughsayl）地区和北边的瓦迪·道卡（Wadi Dawkah）地区，它们都是背靠海岸青山的干旱灌木丛生境。这里的乳香树拥有可爱的分枝结构，树冠呈伞状，当它们在被周期性洪水淹没的山谷——称作干谷——中孤独地沿着露出地面的岩层生长并紧紧地依附在坚固岩石上时，它们生长得最好。[9]瓦迪·道卡是受保护的自然公园，并以"乳香之地"（Land of Frankincense）的名号被联合国教科文组织列入阿曼世界遗产名录。在整个瓦迪·道卡地区，乳香树是半沙漠地区的重要组成部分，是当地生态不可或缺的植物，堪称基石物种（keystone species）。和非洲一样，这里的种群数量也在减少，这可能是由山羊和单峰骆驼的放牧以及砍柴造成的。此外，气候变化造成该地区气温上升、降雨减少。因为该地区的树木生长在干湿平衡十分微妙的环境中，所以温度和降雨的微

16

小变化可能会使这些栖息地缩小或消失。

在采集之后，乳香树脂的香气最好通过加热和火烤释放，对于早期人类而言，香气很可能通过简单的取暖或烹饪进入他们的鼻腔。很容易想象一小群人如何聚集在以乳香木为燃料的火堆旁寻求友谊和安全。芬芳的烟雾只会增强这些情绪。任何享受过篝火的人都知道，那些围绕火堆坐下来的人，他们的身体、头发和衣服上都会残留烟雾的气味。如果烟雾有令人愉悦的香气，那么在定期沐浴之前的日子里，这会是一件好事。我想，要不了多久，珍贵的树脂泪滴就会因其芳香而被单独采集使用。"熏香"（incense）一词常常特指乳香，但也可用于描述其他芳香木头和树脂或者特定混合物，后者中可能包括香料：干燥的叶片、花、根，以及在燃烧或加热时释放宜人气味的其他芳香材料，如龙涎香。从首次使用开始，人类似乎就已经将从熏香中散发出的既令人愉悦又引起共鸣的气味看作一种祈祷，或者是一种与神明（被认为生活在高高的天上）的交流方式。熏香可以向上传递信息，可以净化神圣的空间，还可以让人们专注于冥想和仪式。

古埃及人以使用芳香材料闻名，他们用香料来为尸体增香或用来将尸体制成木乃伊保存，或制成呈油膏（通常是由油或脂肪制成的软膏或药膏）状的香水，或用作熏香焚烧。[10] 乳香和没药是古埃及人芳香工具盒中的常见部分，两者都用于保存木乃伊。古埃及人将油或脂肪作为香水的基础：用油制成液体香水，用固态脂肪制成油膏。油膏和香水中最常见的成分包括乳香和没药、肉桂和小豆蔻、鸢尾和百合、薄荷和刺柏，以及其他本地可得和需要进口的物质。在浸渍（maceration）的过程中，被选定的成分以特定顺序和时间添加到油脂中，以控制香味的强度。在托勒密王朝的埃德夫神庙中，一些墙壁上大量记录了似乎是商业化制备香味材料的配方，而这些墙壁所属的房间可能是一间香水实验室（也可能是储藏室）。用香味材料制备的油被用于宗教涂油礼、作为礼物赠送，以及放置在王室成员的陵墓中。富豪和王室成员还使用储存在精致容器中的固态香水，在一些画像中，他们头部上方画有圆锥形香膏，这些香膏会随着体温熔化，释放出香味。

古埃及的熏香由纯树脂制成，有时也与其他芳香成分混合而成，人们按照规定的时间表进行仪式性焚烧——乳香在早上，没药在中午，而名为奇斐（kyphi）的神圣混合树脂在夜晚。制作奇斐的配方有很多种，但它们似乎都会使用葡萄干和葡萄酒、乳香和没药等精制树脂、香料、香草、针叶树，以及通过某种仪式结合在一起的乳香脂。熏香的香气将国王与神界相连。在宗教、冥想和医学的交叉领域，奇斐被用作治疗蛇毒的药物（可能用在饮剂中）、防腐剂、助人获得生动梦境的药剂，奇斐也是神圣仪式中的神圣成分。

早至公元前 3000 年，旧大陆的贸易发源于美索不达米亚地区。从位于底格里斯河与幼发拉底河之间的家乡出发，美索不达米亚人可以通过陆路和海路与邻居交换货物。我们可以相当肯定，到公元前 1500 年时，一系列商队路线穿越环境严苛的阿拉伯半岛，将乳香从有乳香树生长的南方引入美索不达米亚，这些路线与穿过新月沃土和地中海东部的贸易商路相交。随着时间的推移，船只穿梭于波斯湾和红海，将来自近东和远东以及阿拉伯半岛南部的货物运送到美索不达米亚和埃及。随着远东商人在山区和沙漠之间开辟道路，建立起后来被称为丝绸之路的贸易商路，中国的丝绸和北方游牧民族的马匹成为早期的贸易商品。在另一端，地中海地区的陆上商路肇始于从安纳托利亚延伸 1600 英里*并与丝绸之路相连的道路网络。

到公元前 200 年前后，阿拉伯人开始从南方带来熏香，而中国人则在丝绸之路上旅行。希腊人乘帆船顺着海岸渡过红海并穿越阿拉伯海，驶向印度。约公元前 100 年，一名希腊水手发现了（或者重新发现了非洲和印度水手已经知道的事）一种通往印度以及获取其香料的更快方式：季风在夏季将帆

---

*　1 英里等于 1609.344 米。

船向东推向马拉巴尔海岸，在冬季则将帆船推回西南方向。随着希腊水手将海上航线整合在一起，港口得到开发，商贸路线得到改进，从斯里兰卡到也门和波斯再到非洲，各个国家都在熏香之路和丝绸之路上通过海路和陆路运输香料、熏香和丝绸。[11]

在对芳香物质的持续追求中，古埃及人用乳香和没药进行交易。作为仅有的三位女性法老之一，公元前 15 世纪在位的哈特谢普苏特女王（Queen Hatshepsut）组织了一次远征，前往传说中的蓬特之地寻找树脂，这个地方可能位于厄立特里亚和索马里地区。在这之后，她下令在位于尼罗河西岸、卢克索对面的德埃巴哈利（Deir el-Bahari）建造一座神庙，以作为她遗产的一部分。哈特谢普苏特神庙被认为是古埃及奇迹之一，而描绘这次远征的精美浮雕是这座神庙中最精致的部分。在这些浮雕中，你可以看到一些吊脚小屋被枣椰树和芳香树种环绕，后者可能是乳香树或没药树。神庙中的象形文字非常详细，科学家们已经辨认出了溪流中的鱼类，而且你可以看到各种货物，如珍贵的树枝、没药树苗、动物和黄金。不久之后，蓬特之地成了神话，再也没有人去过那里，它的位置也成了深藏不露的秘密。[12]

人类对乳香的喜爱始于很久以前。阿拉伯半岛和非洲之角的古代居民认识到乳香树泪滴的美和神圣性，并将它们融入医学、生活和仪式中。乳香和没药在历史早期就已流入外部世界，成为熏香之路的基础。商人一旦发现乳香和没药，就会不遗余力地将它们从阿拉伯半岛的严酷沙漠中带出来。骆驼在公元前 1500～前 1200 年被人类驯化，这促进了熏香贸易的发展。由于骆驼对阿拉伯半岛极端条件的适应，它们成为完美的沙漠搬运工，可以运载大量沉重的熏香，从一个绿洲长途跋涉到下一个绿洲，帮助人类建立内陆王国。[13] 到公元前 1000 年时，乳香在巴比伦、埃及、罗马、希腊和中国已广为人知并深受重视。乳香沿着熏香之路的流动，尤其是公元前 300～公元 200 年鼎盛时期的流动，是古代世界最重要的贸易活动之一，而且促使人们在严酷沙漠中建造城市、堡垒和灌溉系统。对乳香的大量需求令阿拉伯半岛南部诸王国与印度、地中海和丝绸之路产生联系。2 世纪时，阿拉伯半岛南部每年向地中海地区运送超过 3000 吨熏香。即便通过海路贸易，阿拉伯商人有时也会将最好的芳香材料储存在内陆城市，如位于今约旦境内的佩特拉（Petra），在环境恶劣的沙漠地带的保护之下，这些城市的货物不那么容易被盗贼窃取。

20　　　乳香商人对自己产品的高昂价值十分清楚，他们用关于这种神秘树木的传说来守卫自己的秘密。据说乳香树被凶猛的红色大蛇保护着，这些红蛇会跳到空中袭击任何胆敢闯入的人，而且人们相信这些树木生长在充满疾病的地方，这令采集乳香成为一件非常危险的事情。在另一个故事中，传说中的凤凰据说在树枝上筑巢，并以树脂泪滴为食。有片古老的绿洲是这条贸易路线上的一个站点，这里出现了在熏香贸易中发展起来的失落之城乌巴尔（Ubar）。这座城市曾在《古兰经》中出现并被阿拉伯的劳伦斯称为"沙漠中的亚特兰蒂斯"，这座城市的魅力持续了数个世纪。穿过阿拉伯城市和绿洲的贸易繁荣兴盛，直到希腊人发现了另一条路线，从而可以舍弃穿越阿拉伯半岛漫长而危险的陆路，乘船驶向盛产熏香的印度洋。水手辛巴达这个角色可能就取材于绕过阿拉伯半岛航行并从事乳香贸易的商人。辛巴达的冒险经历出现在中东民间故事集《一千零一夜》中，维多利亚时代的理查德·伯顿爵士（Sir Richard Burton）将其翻译为《阿拉伯之夜》（*The Arabian Nights*）。

乳香还象征着挥霍和奢侈。据说罗马皇帝尼禄在他最宠爱的妃子（也可能是他的妻子）死后焚烧了一整年收获的乳香。在耶稣诞生时，罗马帝国每年从自己控制下的中东地区进口约 3000 吨乳香。亚历山大大帝年轻时曾将几把乳香撒在祭坛上焚烧，作为献给神明的芳香祭品。他的导师列奥尼达斯（Leonidas）责备他浪费了这种珍贵的芳香产品并告诉亚历山大，当他日后征服了乳香的发源地时，就能负担得起如此奢侈的用法。20 年后，当亚历山大征服了加沙时，他在那里发现了一大批藏起来的熏香，并给已经年迈的列奥尼达斯送去一份慷慨的礼物：乳香和没药。然而，亚历山大在寻找乳香的来源时遇到了挫折，他未能穿过加沙和阿拉伯半岛南端之间的严酷沙漠。恺撒·奥古斯都（Caesar Augustus）也是如此，他在公元前25年派遣万人部队前往阿拉伯半岛南部夺取"阿拉伯福地"（Arabia Felix）的宝藏，却被恶劣的环境击败。在制作香水和熏香时，最好的阿拉伯乳香留在阿曼供王室使用。阿拉伯香水品牌爱慕（Amouage）创立于阿曼，使用乳香和其他传统中东香水成分创造出了所谓的"全世界最昂贵的香水"。爱慕由一位阿曼王子出资创立，以颂扬阿曼特有的气味。

乳香在《圣经》中也被多次提及，而且和没药密切相关，后者也是一种可爱的熏香成分。东方三博士送给圣婴耶稣三样礼物，即黄金、乳香和没药。它们被认为分别象征着：他的王权——黄金；他的精神特质——乳香；他的死亡——没药。欧洲和拉丁美洲的东正教会和罗马天主教会是厄立特里亚型乳香的最大用户，他们使用的香薰配方里有2/3的乳香、4/15的安息香和1/15的苏合香脂。这种混合物被放入一个精致的香炉中焚烧，在焚香仪式上，香炉被吊起来并左右摇摆以释放烟雾，为空间或神圣物品祈福。香炉是一种耐火烧的杯子，里面铺着一层沙子或细砾石，用于放置一块特制的饼状木炭。当木炭烧得炽热时，将乳香（或者其他树脂或树脂混合物）放在上面，释放出甜香烟雾。树脂也可以简单地放在加热器中熔化，以获得烟熏味较少、更纯净的乳香体验。

我的生活中充满了芳香，乳香给了我快乐和平静。这种神圣的树脂中有一种简单的东西，它传达出一种树给人的感觉，这种树经受了时间和环境的考验，创造出令人快乐和疗愈身心的泪滴。在制作香水时，我会使用各种提取物，主要使用蒸汽蒸馏法提取精油，它们具有同样的香味，但是没有受热树脂的即时性和冲击力。因为乳香和没药的大部分美感是通过加热产生的，所以我喜欢使用树脂和精油的混合物制作蜂蜡蜡烛。使用乳香的经历提醒我，"香水"（perfume）一词来自拉丁语单词"per fumum"，意思是"穿透烟雾"。乳香精油和提取物因其树脂和柑橘的复杂香气以及它们增强和延长木质和花香成分的效果而受到重视。使用没药需要下手轻一些，除非我打算使用树脂和熏香气味强烈的混合配方。我喜欢用没药为香水中的木质尾调增添甜香和圆润感。尽管容易有塑料和药材气味，但优质的没药精油本质上有一种香脂感，既温暖又辛辣，并带来出其不意的舒适感。

新大陆也有给人带来精神性体验的树脂。在美洲，柯巴脂（copal）在植物学和人类学方面扮演着与乳香和没药类似的角色。"copal"这个词来源于阿兹特克语单词"copalli"，指的是名为火炬木（torchwood）的各种乔木和灌木产生的带香味的树脂。这些树木属于裂榄属（*Bursera*）和马蹄果属（*Protium*），分布范围从美国西南部延伸至墨西哥和中美洲，再到南美洲。用于制作柯巴脂的火炬木大都是橄榄科成员——这一点与乳香和没药相同，不过有时也会使用松树［松属物种（*Pinus* spp.）］、豆科植物［孪叶豆属物种（*Hymenaea* spp.）］或漆树［漆树属物种（*Rhus* spp.）］分泌的芳香树脂。裂榄属包括 100 多个物种，分布范围从美国西南部一直延伸至秘鲁，而且它们可以在墨西哥南部的季节性干旱热带森林、沙漠和稀树草原以及一些湿润森林中成为优势物种。有从小灌木至高大乔木的大小不同的火炬木，而且很多种类的火炬木树干色彩鲜艳，呈蓝色、黄色、绿色、红色或紫色，树干水分含量高，外层树皮以彩色薄片的形式剥落。在佛罗里达州，裂榄（*Bursera simaruba*）有时被称为"游客树"，因为它的红色剥落树皮让人想起过度暴露在热带阳光下的游客。裂榄属树木的树脂在树干和树叶的输送系统中形成：其中含量丰富的萜烯在保护植物的同时会产生清新的、柠檬味的树脂芳香。花由各种昆虫传粉，而鸟类以它们小而多肉的果实为食，包括在其越冬地中的裂榄属树木周围建立并保护领地的白眼莺雀（*Vireo griseus*）。里那裂榄（*B. linanoe*）以其花

23

香闻名，如今在印度种植以生产精油，这种精油可以从果实而不是木材中获得。碧皮纳塔裂榄（*Bursera bipinnata*）是柯巴脂的另一个来源，其树脂气味清新且似松脂。马蹄果属物种往往喜欢巴西较湿润的森林，在那里生长着七叶马蹄果（*P. heptaphyllum*）。柯巴马蹄果（*Protium copal*）分布于墨西哥、危地马拉和巴西，是柯巴脂熏香的主要来源。[14]

更实用的柯巴脂分类可能是基于颜色的分类。白柯巴脂可能来自渗出体外的树脂，颜色较浅；黑柯巴脂颜色较深，常常来自对产树脂树木的树皮的敲打。在有些人看来，深色柯巴脂是树木的血，适合用于血祭仪式，而浅色柯巴脂像雨滴，被用来求雨和吓走"坏风"。玛雅人和阿兹特克人都在他们的仪式中使用柯巴脂，还使用它净化自己的生活空间，驱除邪恶，以及祈神赐福于婚礼和分娩、耕种和狩猎。就像玉米之于人类一样，柯巴脂是神灵的食物：考古学家发现了由柯巴脂制成的玉米棒形状的宗教供品。在神圣仪式中使用柯巴脂熏香的做法一直延续了千百年之久，尽管早期基督徒摒弃这种本土树脂，并从海外进口乳香供教堂使用。[15]

柯巴脂树种的黏性树脂和萜烯成分既会驱赶又会引诱其生态系统中的昆虫群落。有一种小型象甲会咀嚼马蹄果属物种的树皮以释放其中的树脂，并将产生的黏性斑块用作幼虫的巢穴。一旦树脂释放出来并被象甲使用，细心的观察者就

24

会发现猎蝽会往自己的腿上涂抹一点树脂，以帮助捕捉为建造巢穴而收集树脂的无刺蜂。蚂蚁和兰花蜂也会过来采集它们的份额，用于保护巢穴（蚂蚁）和制作香水（兰花蜂，第8章将对此进行详细介绍）。墨西哥的柯巴脂采集者（西班牙语称为"copalleros"）会先将这些昆虫扫到一边或者挑出来，再用自己的特制刀具将树脂刮到龙舌兰叶片上。

但是跳甲属（*Blepharida*）内一群名为"跳蚤甲虫"的小甲虫生动地展示了这些树脂植物的防御机制，它恰如其分地被命名为"水枪防御"。当一只小昆虫咀嚼某些裂榄属物种的叶脉时，树脂会大量流出甚至喷射出来，当树脂凝固时就会困住昆虫或者粘住它的口器。一些植物物种会让叶片中的树脂保持一定压力，所以叶脉的任何破裂都会导致黏稠的芳香树脂喷出，直接瞄准正在咀嚼的昆虫。跳蚤甲虫的幼虫有抵消这种防御的应对之道，在和柯巴脂植物之间的长期协同进化中，它们学会了在树脂喷射之前先令其排出。它们会咬穿大的中脉，或者在叶片中挖出沟槽，以减少分泌物的排出或改变分泌物喷射的方向。到底是挖沟还是咬穿叶脉取决于叶片的结构。如果较小的叶脉从一根主脉分叉出来，那么咬穿大叶脉就会排出叶片中的树脂，令它不再喷射，而这些昆虫就是这样做的。有些叶片的叶脉结构更像网，此时跳蚤甲虫的幼虫就会采用挖沟的方式阻止或改变数条叶脉中的树脂流动。被树脂喷射到的昆虫会弃叶片而去并在几个小时内保持不活跃的状态，然后再移动到另一枚叶片上。有时太过年幼且没有经验的幼虫会因被树脂覆盖而死。虽然昆虫可以绕过叶片的防御，但这样做会让它花费更多操作时间并降低其生存率，因此这可能会减少植物遭受的整体伤害。成年跳蚤甲虫以含有树脂的叶片为食，并在体内积累萜烯，还能够利用这些化学物质。怎么用呢？通过制造芳香粪便并堆积到自己的背上，形成抵御掠食者的粪便盾牌。或者在受到攻击的时候，它们可以通过肛门或口腔喷射出富含萜烯的分泌物，达到驱赶掠食者的效果。[16]

我没有去过阿曼的森林，也没有见过非洲之角的没药树，但是我在美国西南部的沙漠中度过了很长一段时间。在犹他州山脚下的一次徒步旅行中，一位科学家同事向我介绍了嗅觉植物学，这位科学家教我通过气味辨别松树的种类。自那以后，我经常闭上眼睛吸入沙漠的气味，如今已经记住了科罗拉多果松树脂以及小而坚硬的墨西哥三齿拉瑞阿叶片的香味。但它们不是柯巴脂植物，我希望有朝一日可以专门去寻找柯巴脂，不过这些植物也富含萜烯，而我就像跳蚤甲虫一样，时不时弄得全身都是芳香四溢的黏性物质。

最后，谈谈另一种著名的树脂植物。树脂、纤维和食物均可产自大麻，这种植物早至公元前 1000 ~ 前 3000 年就已在中国栽培。大麻很像是一种杂草，可以生长在几乎任何地方，包括安装了生长灯的小房间，但是它更喜欢在河床沿线的潮湿区域生长。在这种植物以其精神活性闻名之前，它的部分组织在古代中国用于制作麻醉剂和熏香，它的纤维用于制作木船船帆和纸张，而它的种子则可以在饥荒时期用于种植食物。大麻有几种类型，分别称为大麻（*Cannabis sativa*）、印度大麻（*C. sativa* ssp. *indica*）和火麻（*C. sativa* var. *ruderalis*），它们的外表和用途都不同。普通大麻起源于欧洲，分布广泛，株型宽大而茎秆纤细；印度大麻最常用于制作大麻制剂，植株较矮且枝叶更密集，起源于亚洲；火麻可能是野生植物基因库组合后的产物，矮小干瘦，是顽强的先驱物种。因为大麻已经被人类栽培了很长时间，拥有非常灵活和高适应性的基因组，而且很可能从最早的时候就伴随各种各样的人旅行，所以很难确定其起源地，但是研究结果指向旧大陆的北方温带气候区。[17]

表面有细毛的空心茎秆含有坚韧的大麻纤维，可用于制造绳索和坚韧的布料，种子榨的油可以用来点灯或者制作肥皂，而雌花会产出丰富的树脂，可以作为熏香焚烧、吸食或食用，以达到影响心智的强烈效果。植物将养料和能量投资于这种树脂以及大麻素和萜烯等成分，可能是为了建立抵御炎热干旱环境的屏障、从母株那里捕获花粉，或者是为了抵御病害和食草动物。人类会由于不同的目的使用它，当使用它们的花和叶片时，会称其为"marijuana"；当使用顶部花序时，会称其为"sinsemilla"；当使用树脂时，会称其为"hashish"；当使用纤维时，会称其为"hemp"。他们用水烟筒吸食叶片和花，或者将它们混入烟草，加入食物和饮料，还将树脂作为熏香焚烧。中国人很早就认识到了大麻的药用价值，20世纪下半叶生活在旧金山的"布朗尼玛丽"（Brownie Mary）也是如此。志愿者和大麻活动家玛丽·简·拉特邦（Mary Jane Rathbun）用大麻制作布朗尼蛋糕——最初是为了出售，后来她作为志愿者在照顾癌症和艾滋病病人时用这些蛋糕缓解他们的恶心。

从中国人开始，大麻纤维因在造纸中的作用而受到重视，之后这个秘密被阿拉伯商人知晓并带回中东。到400年时，不列颠的撒克逊人和维京人已经在种植大麻，并将其纤维广泛用于各个方面。大麻纤维给威尼斯带来了财富，在作为地中海航海霸主的共和国时期，那里的大麻纤维工人在300年间制造了全世界最好的绳索。大麻植株被种植在美洲殖民地，《独立宣言》的初稿就写在大麻纤维造出来的纸上，而穿越大平原的草原大篷车的布顶棚是用大麻纤维制成的。在传说和历史中，大麻与神祇和人类一起漫步，其中包括：印度教神祇——尤其是湿婆，他经常被称为大麻之主（Lord of Bhang）；20世纪60年代的嬉皮士，他们追随苏菲派的脚步，踏上从欧洲穿越中东的大麻之路（Hashish Trail）；传说中的穆斯林刺客；19世纪的欧洲作家，如维克多·雨果（Victor Hugo）、大仲马（Alexandre Dumas）、奥斯卡·王尔德（Oscar Wilde）和W. B.叶芝（W. B. Yeats）；爵士音乐家，包括20世纪二三十年代的班尼·古德曼（Benny Goodman）、凯伯·凯洛威（Cab Calloway）和路易斯·阿姆斯特朗（Louis Armstrong）；越南战争中的美国士兵。在美国，大麻与其他精神活性药物归为一类并被判定为非法物品，直到21世纪各州开始将其药物和娱乐用途合法化。[18]

大麻植株营养部分和花器部分中产生树脂的结构被称为头状毛状体（capitate trichomes），它们的形状有点像蘑菇，在粗柄的顶端长着一个产生树脂的微小球体。这个球休含有树脂，树脂会沿着叶片、茎或花的表面流出，这可能是对损伤的反应，也可能是将树脂作为防止脱水的保护涂层。树脂中含有的大麻素和萜烯被认为可以阻止食草动物的伤害，但有些害虫可以应对这种防御手段。豹灯蛾（*Arctia caja*）幼虫更喜欢吃四氢大麻酚（THC）含量高的大麻种类，而且可以将毒素储存在体内以驱赶掠食者。大麻植物含有500多种化合物，包括萜烯、大麻素、类黄酮等。德尔塔－四氢大麻酚

（Delta-THC）就是一种大麻素，大麻素指的是大麻植物独有的一类非挥发性化学物质。THC 本身是没有气味的，但可能在黏性树脂中占很大一部分，并负责产生精神活性。萜烯和倍半萜烯赋予不同大麻品种以特有的气味和味道：它们因地理范围而异，也因育种而异，因为种植者专注于新的品种和成分。虽然不具有精神活性，但萜烯的不同气味和芳香似乎会影响人的感受和偏好。大麻素和萜烯等成分的这种相互作用通常被称为"随行效应"（entourage effect），可以概括为植物不仅仅是其各部分的总和。[19]

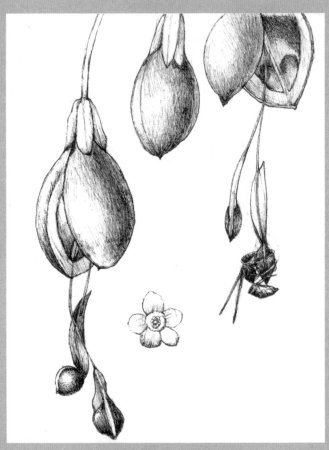

土沉香的假种皮以及胡蜂与花

02 散发芳香的木头：沉香和檀香

所谓的众神之木指的是沉香属（*Aquilaria*）和拟沉香属（*Gyrinops*）中名为沉香的浅色木头，这些树木生长在从中国到新几内亚的森林中。它们不是重要的材用树种——树皮可以用来制造纸张或线绳，有时还可以用来制作盒子——但有时候，微小的入侵真菌、小的损伤，或者无聊的昆虫会让其启动一种神秘的保护程序，在活的木头里产生一种深色的羽毛状纹理，其中充满芳香树脂。其结果是一种价值很高的芳香木材，名字也是沉香（agarwood）。[1] 来自沉香树的这种富含树脂的致密木头又称 gaharu、aloes、jinkoh、oud 或 eaglewood（"鹰木"），是仪式、熏香、药物和香水所用的传奇沉木。微小的沉香木屑被人类焚烧，用于熏香和举行仪式，还可以提取气味极为芬芳且独特的精油。

沉香精油是一种古老的中东香水和熏香成分，较晚才出现在想为自己的香水增添深度、持久性和神秘感的欧美调香师手中。在描述这种精油的气味时，香水行业可能会使用木质、强烈、动物性等词，并形容它带有烟草和皮革的味道。然而，有时这些形容词并不完全适合，它的气味更准确的描述应该是"谷仓水"（eau de barnyard），即带有秸秆的味道，这些秸秆来自马厩而且被充分使用过，就像微妙的麝香和汗水味道覆盖着迷人的木质和皮革香调。有些品种更平易近人，偶尔会有浆果、香料、琥珀、创可贴或青草味。无论哪种香调脱颖而出，令爱好者如此着迷的都是这种芳香复杂且愉悦感官的本质。如果木材本身被焚烧或加热，它会释放出两种类型的分子，倍半萜烯和色酮，它们共同发挥作用，产生一种不同于木材或精油的芳香。倍半萜烯在加热时迅速释放，而色酮在烟雾中散发出微妙的气味。[2]

充满树脂的沉香是世界上最珍贵的木材之一，而沉香精油是最昂贵的香水成分之一。并不是一片森林中的所有沉香树都会产生芳香，就连同一属中的树木也不会都有香味，产生芳香的比例或许只有10%，这让那些想要采伐沉香树的人大受挫败。木材中树脂的芳香可能来自多达350种的不同成分，它们有时会累积到树脂中，使树脂几乎呈黑色，当放置在水中时沉香木片会下沉。作为病理学产物，这种防御性树脂是创伤结合微生物入侵的结果。某些名为内生菌（endophytes）的真菌与树脂的形成以及沉香独特的香味密切相关。所有地方的沉香树都因过度采伐而数量减少，这令它们在世界各地陷入濒危，但各国都实施了建种植园以供采伐以及在其原生栖息地保护沉香树的项目。种植园的成功取决于能够生产含有树脂的木材的能力，以及和野外环境相比更短的生产周期。在这些物种的历史分布范围内，各个国家正在试验人工种植树木，大部分国家是从 20 世纪 90 年代末或 21 世纪初开始的，包括孟加拉国、不丹、柬埔寨、印度、印度尼西亚、老挝、马来西亚、缅甸、巴布亚新几内亚、泰国、越南。为了诱导香味树脂的形成，树木被人为损伤或者注射某种真菌，而且常常双管齐下。与在野外通常需要的几十年相比，人们希望这些技术能够有助于更可预测而且更快地持续产生树脂。沉香属树木是主要种植品种：印度种植马来沉香（*Aquilaria malaccensis*），柬埔寨、泰国和越南种植厚叶沉香（*A. crassna*），中国种植土沉香（*A. sinensis*）。澳大利亚正在做关于厚叶沉香的生意。沉香树的花可能是白色或者黄绿色的；它们偶尔开花，在夜间开放，并散发甜美的花香吸引多种昆虫，包括它们的主要传粉者蛾类。种子在木质果实中发育，果实表面覆盖着灰色的毛，成熟时裂开，但里面的种子不会掉到地上；相反，它们就像绿色的小吊坠一样挂在仍与蒴果相连的细毛上。一种名为油质体（eliasome）的小脂肪体是种子不可分割的一部分，它会吸引胡蜂（*Vespa* spp.），

33

这些昆虫将种子拽下来并将它们带走，吃掉营养丰富的脂肪。沉香树的种子自身传播能力常常很弱，以及这种和胡蜂的关系确保了并非所有种子都落在母树树下，有些种子会被传播到 260 英尺之外甚至更远的地方。[3]

沉香树自然生长在从印度北方到印度马来亚区的大部分地区的森林区域，分布稀疏。少数古树生存至今，且大多生长在保护区或原始森林中。在加里曼丹岛以及马来西亚的部分地区，沉香树生活在混交阔叶林深处，常常出现在将景观一分为二的河流附近的陡峭岸上，那里的海拔大约 3000 英尺。在某些情况下，这些颇具挑战性的地形保护了沉香树并为当地居民提供了收入。中国香港与沉香和熏香贸易的关系源远流长，并体现在这座城市的名字上，香港的意思就是芬芳的港湾。那里的山区和乡间生长着沉香树的自然种群，以及超过 2000 万棵人工种植和栽培的树木。香港渔农自然护理署用栅栏保护幼树，并在郊野公园种植树苗。在印度上阿萨姆地区的家庭花园中，沉香贡献的收入可能占家庭总收入的 20% 之多，而且沉香树还被种在茶园里以供遮阴。虽然野生沉香树很少，但是据估计，仅在印度东北部的种植园里就生长着 900 万棵至 1000 万棵沉香树。哪些树产生了树脂是难以确定的，阿萨姆邦的采集者按照传统对马来沉香的不同形态进行分类，而且他们知道每种形态的马来沉香从感染中产生高

34

品质树脂的潜力。他们会凭借多年的经验寻找一些信号，包括明显的病害迹象，例如腐烂的树枝、顶部和外侧树枝的枯梢、蚂蚁在树皮的裂缝中安家，以及外层树皮下面的树木略呈黄色至棕色。但几乎同样能说明问题的是蛀木昆虫木蠹蛾（*Zeuzera conferta*）的出现，木蠹蛾会对树木内部造成损伤并在树木中挖掘隧道，这与高于正常水平的树脂含量有关。人们在 1 ~ 4 月采集树脂，以获取最多而且气味最好闻的物质，一些采集者会将染病部位剔除，令树木保持完好。[4]

在加里曼丹岛中部，本南柏纳瑞人（Penan Benalui）几个世纪以来一直在山区的山坡上采收沉香，他们知道应该在森林之中的何处搜寻。这种经验智慧有时被称为传统生态知识，而且这是民族生物学研究的主题，相关研究旨在了解当地人如何使用自然植被以及对这些植被的认识。要想采集沉香树（当地人称为 gaharu）的芳香心材，首先需要知道如何发现真菌感染。与阿萨姆邦的种植者不同，本南族男子必须深入森林，那里的迹象更加微妙，而且保密是他们的行为准则。在获取树脂之前，他们身穿黑色衣服。他们不说自己要去哪里，因为可能有人在偷听。他们寻找隐藏在沉香树高大树干之中和灰色薄树皮之下的深色（近乎黑色）芳香树脂。他们睡在配备黑色帐篷和装备的小营地里——黑色是沉香的颜色，寻找的过程基本上是在沉默中进行的，耐心倾听并寻找那些作为口头知识代代相传的迹象。因为树脂存在于心材中，所以他们必须寻找指示它存在的微妙外在特征（树脂存在于不到10%的沉香树中）；他们按照这种方式将仪式与代代积累的知识结合起来。树脂贸易的货币价值让本南柏纳瑞人得以购买用其他方式无法获得的贸易商品，这让树脂更值得搜寻。所以他们仔细倾听并寻找与乳香树相关的蝉类昆虫，查看景观模式，还会使用与黑色树脂相仿的物品对冲他们的赌注。有些当地群体会劈砍树木或其根部，确定是否存在有价值的树脂，然后在不杀死树的情况下提取，让它继续生长并产生更多树脂。[5]

本南柏纳瑞人的理解超越了民间知识，事实证明，它证实了科学家了解到的一些事情。原住民群体认识到了沉香属树木的丛生属性（因其幼苗往往生长在母株附近）；他们知道前往更干旱和海拔更高地区的小溪流中寻找产生树脂的树，因为那里的树更容易遭受威胁；他们能认出往往和沉香树生长在一起的棕榈；他们认为香味树脂的来源是蝉的魂灵。他们还能够识别病害的症状，例如昆虫蛀孔、落叶、长势，以及敲击时的空洞声。科学怎么说？它告诉我们，在更具挑战性的环境中生长的树木可能更容易受到真菌的破坏和感染，从而更快地产生芳香树脂。尽管沉香树分布广泛，但是由于分散程度低，它们往往丛生在一起，即便有胡蜂帮助传播种子。

这种丛生模式可能会在较老的树中制造更多感染机会，而且因为蝉的生活史是从土壤到树上再回到土壤中，所以对于繁衍生息于森林地被的真菌而言，它们是极佳的载体。

千百年来，富含树脂的沉香一直用作药物成分，古希腊医生兼植物学家迪奥斯科里德斯（Dioscorides）在公元前 65 年的著作中提到过这一点；它还被用作香水成分，此时它被称作"aloes"，《圣经》中的《诗篇》和《雅歌》提到它时正是用的这一名称。熏香气味的复杂性和情感共鸣意味着它早已在仪式中占有一席之地，就像公元前 1400 年的梵文文献所描述的那样。佛教僧侣千百年以来都在冥想和诵经时焚烧树脂；当沉香树脂用在念珠中时，手指的温度会释放它的芳香。阿拉伯世界虽然没有本土沉香树，但 2000 多年来其一直是这种树脂木材及其产品的重要消费地区，而且沉香可能是丝绸之路和熏香之路上的贸易货物。与檀香和香味树脂一样，沉香是一种便于携带的产品，可以在产地和目的地之间持续数周乃至数月的旅行中保持其香味以及价值。先知穆罕默德欣赏沉香在香水中的香味，用它给自己的衣服增香，同时也将其用作药物。《一千零一夜》中的故事提到人们用沉香为房屋和宫殿增添香味。现在的中东人不只往自己身上喷香水，还会用熏香或喷雾给衣服和家庭增香，并在特殊场合和婚礼中使用最优质的产品。

在远东地区，熏香最初与佛教有关，那里的人们认为它有助于唤起佛性，带来一个更加和平的世界。这种熏香混合了多达 7 种成分，包括沉香、檀香、丁子香、肉桂和樟脑，加热后释放出香味。在中国，人们为了欣赏沉香香味制造出了美丽的香炉和相关熏香产品；而在日本，这种芳香可能从丝绸袍子的飘逸长袖中飘出，或者用来为冥想或举行仪式的专用静室增香。冬天，削下来的树脂碎屑与龙涎香、丁子香和檀香等其他香料混合，制成一种捏合型熏香进行焚香，而在夏天，树脂碎屑会直接进行焚烧或加热。

紫式部写于日本平安时代的《源氏物语》也许是世界上第一部长篇小说。在这部小说中，熏香同时是快乐和宗教的载体，是贵族生活的核心部分。高雅之人以制作混合熏香的技艺闻名，而且他们将混合制香的技艺与音乐或诗歌等其他艺术同等看待。随着时间的推移，这门艺术不断发展，熏香从业者开始转向焚烧木头（具体而言就是沉香），并对其进行欣赏和鉴别。最终出现了一种名为香道（Koh-do，亦拼写为Koh-doh 或 Kōdō）的熏香仪式，意为"听香"。香道邀请参与者在主持者的指导下体验或聆听熏香，主持者可能会选择三种类型的熏香来聆听，在这种仪式的基础形态中，接下来参与者将一个未知样品与三种类型之一的熏香匹配。在一些更复杂的版本中，有关芳香的描述信息为每种类型赋予个性，这些个性可能来自历史地点，但也可能涉及与味道有关的术语。例如，最好的类型是伽罗（Kyara），它带有一种高贵且微苦的气味，让人想起优雅的贵族。相比之下，人们对寸门陀罗（Sumotara）的描述是，它的前调和尾调都是酸的，可能会被误认为是伽罗，直到人们意识到它的不良本性，就像是打扮成贵族的仆人。"香道"这个说法最早出现在15世纪，可能源自汉语，并在后来成为日本独有的表达。作为一种仪式，它包括专门的全套用具、一位香道大师、若干规则以及记录。作为一种游戏，它让参与者和其他人一起互动，旨在成为一种令人愉快的社交活动，它可能像上面描述的鉴定三种香型之一那样简单，也可能更复杂，涉及一个故事、一段旅程或一首诗歌，将它们用作选择和命名熏香香味的主题。香道的流行在江户时代达到顶峰，在19世纪随着日本向西方开放而开始衰落。但到了20世纪，香道大师再次开始开设课程，熏香商店开张，出现了包括年轻人在内的更广泛受众。虽然香道的仪式性很强，而且有一套秘密的规则，但参与者仍然期待着乐趣和社交互动，希望暂时逃避到香味世界中去。也许在一天结束时，与分享芳香体验的喜悦相比，他们给出的答案其实并没有那么重要。[6]

日本有两块传奇沉香。约585年，第一块传奇沉香在日本淡路岛被海浪冲上岸。在焚烧这块木头（或者至少是它的一部分）时，当地人闻到了烟雾的美妙气味，然后将它献给了皇室。第二块传奇沉香是中国人送给日本圣武天皇的礼物。这块被称为兰奢待的传奇沉香一直保存在奈良的正仓院宝库中，并定期拿出来与其他珍宝一起轮流展出。在极少数情况下，曾有小片被削下用作特别贡品，而这块木头本身重约24磅[*]，长度接近5英尺，表面标记了每件贡品的相关情况。据说它拥有完美的芳香。

来源神秘、在野外难以发现、稀有、充满异国情调，而且极为昂贵，这些特质让沉香赢得了"黑金"之名。最优质的木头——深色且树脂含量高——被留下来用作熏香，使用时直接削下小木屑进行焚烧或加热。对于品质较差但仍有香味的木头，则使用一种传统工艺提取精油，这种工艺需要长时间浸泡木头，然后进行数小时乃至数天的蒸馏。浸泡过程会将芳香树脂从木材的小囊中释放出来，而蒸馏令芳香分子伴随蒸汽上升然后被收集。木材和精油都由行业内专家进行评估和分级，这些专家熟悉特定的产品，例如熏香用的树脂木屑、木块、精油、配饰，或者各种增值产品如香水和木雕。外观和香味似乎一直被当作质量的标志，但是也有一种比较简单的方法帮助人们判断，即将木头放入水中，看它是否下沉，

---

[*] 1磅约等于453.59克。

因为树脂含量高的木材比水重，沉香中的"沉"字即由此而来。不同于许多受到行业监管的香水成分和精油，沉香的质量标准可能并不完全客观。传统分级系统如今仍在使用，似乎主要依赖物理特性，例如颜色、树脂含量和木材重量。原产国和传统也可能影响评估，每个国家的供应商和贸易商似乎都有自己的产品标准。对于精油而言，香气和在皮肤表面的持续时间都很重要。芳香化学家已经开始使用GC/MS（气相色谱质谱）来揭示构成优质沉香油的成分，这是一个使用微量精油分离和鉴定混合物成分分子的过程。要想了解用作熏香的树脂木材的细微差别，可以使用GC/MS设备，但注入其中的不是液体，而是烟雾。这种方法让科学家们不仅能够描述存在于木材中的一批复杂的倍半萜烯和其他芳香分子，而且还能够描述在受热时释放的名为色酮的化合物，后者与倍半萜烯共同创造出丰富、甜美、温暖和持久的熏香香气。[7]

在印度南部的森林中，一棵树衰老时，它的心材就会变成浓郁的棕红色，并散发馥郁的香气。[8]檀香树（*Santalum spp.*）会在树的深处产生一种具有保护性且气味芳香的油，而且这种油会随着树木年龄的增长变得更加芬芳和丰富。随着树木的生长，在树干、树根和树枝的树皮下方会长出一层有生命的边材，其中储藏着养分和水分。边材将养分和水分从树根输送到叶片，并通过生长组织和产生防御性化合物来应对伤害。随着树木的生长，边材内层最终会自然死亡，并转化为内部木材（被恰如其分地命名为心材），起到支撑树木的作用。在包括檀香在内的许多树木中，随着挥发性化学物质在边材和心材的交界处产生并向内扩散，心材的颜色会变深，香味也会变浓。檀香树产生的精油是世界上价值最高的精油之一。

岁月在檀香树深处产生美，因为树木产生的芳香分子集中在最老的树枝、树干和树根中。这些芳香分子（主要是倍半萜烯）是檀香树的防御手段，以抵抗病原体和想要啃食自己的昆虫。年幼的檀香树需要植物伙伴，发芽的幼苗与附近植物的根系相连并共享营养时生长得最好，这让它们得到了"吸血鬼树"的绰号。然而檀香树也给著名孟加拉语诗人罗宾德拉纳特·泰戈尔（Rabindranath Tagore）上了一堂关于爱的课，他写道："仿佛是为了证明爱会战胜仇恨，檀香树为砍倒自己的斧头增添香味。"这种树并不是吸食生命的吸血鬼，它回馈并产生具有支持性、疗愈性、温和而又强烈的芳香物质。在被印度卡纳塔克邦北卡纳达地区（Uttara Kannada）的传统工匠家族古迪加尔（Gudigars）用于美丽的传统雕刻时，或者被用来制作装饰印度教神像的香膏时，檀香就成了可观其形的芳香产品。它在印度教、佛教和伊斯兰教中都受到尊崇和使用。

高品质的檀香被磨成小碎片进行提取，常常使用的是千百年来一直保持不变的技术和工具。木头本身和精油的气味似乎很柔和，带有黄油般的质感、皮肤般的颜色以及优雅的木质香调，然而它非常持久，成为芳香成分中的重要尾调。檀香精油的接纳性也令其成为制作花油（attar）的完美载体：花油是将柔和的花香直接蒸馏进檀香精油而得到的产品。在我的收藏中，有一系列来自不同物种的檀香精油，包括几盎司珍贵的濒危物种白檀（*Santalum album*）的精油，该物种来自印度，常被称为"迈索尔*檀香"（Mysore sandalwood），它被用作与其他类型和物种进行比较的标准。檀香要求你有耐心。一开始，闻香条上似乎什么味道也没有，但是片刻的安静会让你的鼻子得到回报：一种如此浓郁而复杂的香气，你可能想不出能用什么言语来形容它。对于我而言，这种气味是非常轻微的香脂味（一种含树脂的焦糖味），并且伴随着珍贵的木质香调，这种香味拥有难以描述的魅力。再过一会儿，你会开始领略到它的优雅、深度和复杂性，以及它如何与皮肤的动物性芳香无缝融合。

虽然印度檀香是最著名的品种，但澳大利亚被认为是檀香属的起源地，而且这个类群发生过几次远距离传播。[9]檀香属

---

* 　迈索尔是卡纳塔克邦曾经的名称。

共约 15 个物种，分布在热带地区，从东方的印度尼西亚到智利海岸外的胡安·费尔南德斯群岛（Juan Fernández Islands，那里唯一的本土檀香物种如今已灭绝），从夏威夷到新西兰，再到日本南部的小笠原群岛（Bonin Islands，那里生存着一个规模很小的檀香种群）。来自澳大利亚的澳洲檀香（*Santalum spicatum*）拥有鲜明的树脂木质香调，并以清淡而优雅的檀木香调收尾。澳大利亚围绕这种檀香树建立起一个产业，但是在过去的几十年里，这片大陆也建造了新的白檀种植园。新喀里多尼亚、瓦努阿图、斐济和汤加使用太平洋檀香（*S. austrocaledonicum*）生产精油，它拥有美妙的芳香，偶尔还带有一点香子兰的甜香气味，形成经典的黄油味木质尾调（某种芳香最后徘徊不去的元素）。瓦努阿图原住民认识这个檀香种类下的两个变种，其中的"雌性"变种较早产生更多心材，树形较矮且粗壮，叶片更圆，而且结果很多；而"雄性"变种需要一段时间才能长出优质心材，树形更高大，叶片较尖，而且果实较少。斐济是汤加人获取檀香的早期来源地，他们会用黄貂鱼尾椎骨、树皮布和鲸鱼牙齿换取这种木头。雅西檀香（*Santalum yasi*）也生长在这些岛屿上。夏威夷的檀香树被当地人称为"'iliahi"，有数个种类，包括夏威夷檀香（*S. paniculatum*）、垂枝夏威夷檀香（*S. freycinetianum*）、椭圆叶檀香（*S. ellipticum*）和榄绿夏威夷檀香（*S. haleakalae*）。我有一小瓶夏威夷檀香，并发现它和传统的印度白檀有所不同。它有一丝花香和一种神秘的"老图书馆"香调，然后过渡到可爱的雪松与木质香调，最后是几乎近似沉香的檀香尾调。夏威夷的这些檀香种类曾被认为已经灭绝，但其实它们一直生存在偏远的高海拔地区，19世纪的收藏家和贸易商没有去到这些地方，而且这些檀香树可以在此躲避食草动物。

檀香在印度的源头是个谜——有人认为这种树不是印度本土物种，而是在2000多年前从印度尼西亚引入的。也许前往帝汶岛的早期商人认识到该物种的美和潜在价值，然后将种子或树苗带回了印度。另一种可能是，这种树的种子被适应长途飞行的鸟类如金鸻（*Pluvialis fulva*）或太平洋皇鸠（*Ducula pacifica*）吃掉之后，在它们的肠胃里从原产地澳大利亚来到了印度。[10]尽管分布很广，但各种檀香树在其分布范围内都遭受过度采伐，很多种类面临灭绝的威胁，例如胡安·费尔南德斯群岛的本土物种智利檀香（*S. fernandezianum*）。非洲沙针（*Osyris lanceolata*）是一种有香味的檀香，可用于制作精油和药物。来自东南亚的小叶紫檀（*Pterocarpus indicus*，还称 *P. santalinus*）可用于制作化妆品和阿育吠陀医学药物。它可爱的红色木头是日本弦乐器三味线的首选木材之一。有香味的炬香木（*Amyris balsamifera*）生长在海地和多米尼加：它又被称为西印度檀香或蜡烛木，因为其中含有的大量精油让它非常易燃。

最好的檀香（有时称为迈索尔檀香）据说生长在印度南部的卡纳塔克邦、泰米尔纳德邦和喀拉拉邦，这种檀香树目前受到政府保护，禁止采伐。悠久的历史以及密切参与仪式、宗教和商贸令檀香成为印度文化和遗产的重要组成部分。它在 1792 年被迈索尔苏丹宣布为皇家树种，泰米尔纳德邦在 1882 年通过的《马德拉斯法案》（Madras Act）也赋予它同样的地位。印度檀香在《世界自然保护联盟濒危物种红色名录》中被列为易危物种。除了多年来对檀香树的过度开发，穗病、入侵性杂草、火灾和放牧也令檀香种群数量下降到只有曾经的一小部分。尽管在历史和文化上很重要，而且对当地产业——包括北方邦卡瑙杰县（Kannauj）规模巨大的精油产业以及卡纳塔克邦的檀香雕刻行业——极具价值，但负责保护树木的政府机构管理不善导致过度采伐以及非法采伐泛滥，树木遭到大规模损失。[11]

尽管有法律保护树木，各级政府也在努力确保印度宝贵的檀香资源的安全，但抢劫和盗窃行为仍然存在。现代最著名的檀香盗贼是个名叫库斯·穆尼萨米·维拉潘（Koose Munisamy Veerappan）的人，他在泰米尔纳德邦、喀拉拉邦和卡纳塔克邦的森林中度过了漫长的职业生涯，并被当地人视为罗宾汉式的人物，尽管他会毫不犹豫地使用恐吓和谋杀的手段进行盗窃和逃避逮捕。维拉潘在 2004 年的一次名为"猎魔行动"（Operation Cocoon）的行动中被一名特遣武装人员杀死。这并不是檀香非法采伐和走私的终结，最近有人对印度报纸展开了一次搜索，发现了数个关于檀香树消失的报道。窃贼可能会在半夜出现，在各种地点例如班加罗尔大学校园肆无忌惮地砍伐树木，那里的官员已经开始对檀香树进行地理定位并关闭非法道路。在当地政务区，两棵大树在保安的眼皮底下被砍倒并从那里运走，第二天早上保安只发现了树桩、几根树枝和一些树叶。警卫守护着喀拉拉邦一座名为钦纳（Chinnar）的森林，那里有一片天然檀香林，而且目前有在树木中插入微芯片的计划。

檀香树虽然不是真正的吸血鬼树，却是半寄生性的，这意味着它们可以独立生长，但不能以这种方式茁壮成长。在自然条件下以及种植园中，如果能够与通过互连根系提供养分的宿主植物一起生长，它们会生长得更好。年幼的檀香树会在它们的根部产生一种名为吸器（haustorium）的结构，它会伸出并连接到附近植物的根系上。虽然多种植物都可充当宿主，但相思树属和其他豆科植物似乎最能支持年幼的檀香树，根系在宿主植物和半寄生植物之间建立起延伸至整个植物群落的密切联系。作为当地群落的一部分，檀香花为那些被其香味吸引的本地蜂类提供食物。在澳大利亚，极为稀有的小型有袋类动物毛尾鼠袋鼠（*Bettongia penicillata*）会储存密花澳洲檀香（*Santalum acuminatum*）和澳洲檀香（*Santalum spicatum*）的种子，这种行为促进了它们的萌发。在印度，灰犀鸟（*Ocyceros birostris*）吃下种子并将其排出，这样在它们的筑巢地就会存在檀香树苗。总体而言，鸟类似乎是种子的重要传播者，经常将种子丢弃在荆棘丛中，这种环境非常适合树苗伸展根系去寻找附近的宿主。[12]

45

檀香的悠久贸易史可以追溯到约 3 世纪，所涉范围从印度尼西亚和印度延伸至中国以及太平洋群岛。1778 年，詹姆斯·库克船长（Captain James Cook）成为第一个登陆夏威夷海岸的欧洲人，不久之后，外来者就开始在他们的船舱里装载这种芳香木材。从大约 1811 年开始，包括美国人在内的西方商人开始和夏威夷国王卡美哈梅哈一世（Kamehameha I）做生意，获取大量檀香木材并运往中国广州。美国商人将上好的毛皮和人参运往中国，在广州换取茶叶和丝绸等商品，然后将船驶向夏威夷，在那里他们常常将当地产的檀香装进货舱。随着美国商人意识到他们的檀香货物在中国的价值，他们增加了对这种商品的需求，但是卡美哈梅哈一世限制采伐，并将这种木材的交易权牢牢握在自己手里，从而控制了对檀香树的开发。他可能从此前的一场饥荒中得到了教训，这场饥荒与劳动力都去采伐檀香而不再种植粮食作物有关，因此他决定除了在山上采伐树木，还必须有足够的人力在田野中工作。在一船檀香木的体积测算方面被欺骗之后（他以为是长方体尺寸，而不是弯曲船体的体积），他还学会了在地上挖出和货船船体大小和形状一样的洞，来确定装满一船货实际所需的檀香木的量。[13]

1819 年，卡美哈梅哈一世去世后，伐木暂停了一段时间，然后在他的儿子利霍利霍（Liholiho）以及当地酋长的统治下重新开始。利霍利霍取消了对檀香贸易的一些限制，允许多位酋长在这种商品的贸易中分一杯羹。美国人和中国广州的持续贸易导致对檀香的需求居高不下，并增加了夏威夷诸位酋长的债务，因为他们在向美国船商提供檀香之前就获得了贸易货物的货款。当地酋长继续积累债务，直到迎米卡美哈梅哈三世的统治，当时夏威夷通过了第一部成文法，要求夏威夷人偿还和檀香有关的债务。每个男性都需要上交约 66 磅的半担檀香，而女性必须交出一张手工制作的树皮布，当地称为塔帕（tapa）。因为这种木材是在山里采伐的，并由男性背在背上沿着崎岖的小路运到港口，所以参与这项工作的男性的背上常常长出老茧，于是他们常被称为"老茧背"。夏威夷群岛檀香的故事十分漫长而且有时非常惨烈，这只是它的简短版本。尽管夏威夷檀香树大部分已经从海滨航运港口附近的丘陵和山脉中消失，但是在夏威夷火山国家公园的伊利

46

亚希步道（Iliahi Trail）旁仍能看到这种树，而且用于生产精油的檀香树如今正种植在该州的种植园里。

澳大利亚在种植园中种植本土檀香物种澳洲檀香以生产精油的历史非常悠久，并且种植者如今正在利用他们学到的知识建造更新的白檀园。悉尼建立之后不久，澳大利亚人就认识到檀香是一种宝贵商品，因为商人开始和中国交易檀香以换取茶叶，无论当时还是现在他们都对此充满热情。1880～1918年的"黄金繁荣"吸引人们前往该国北部，如果黄金变得稀少，那里的檀香将成为很好的替代赚钱工具。一座建在澳大利亚西部珀斯城外的檀香加工厂，生产出的精油很快出口到了英国，在那里它被装入胶囊中用来治疗性病，这种需求随着"一战"的开始而增加。它还被用作防腐剂和定香剂，并被用在香皂中。1929年，政府颁布了《檀香控制法案》（Sandalwood Control Act），一年后，四家公司联合成立了澳大利亚檀香公司（Australian Sandalwood Company）。如今有很多公司种植和提取澳洲檀香和白檀。[14]

在经历了充满曲折的本土檀香贸易之后，夏威夷如今鼓励在家庭花园和混交林中种植本土檀香树，在这些地方，它们可以与合适的宿主植物间作。另一个太平洋国家瓦努阿图在1987～1992年停止了檀香的出口以控制这项贸易，如今当地农民可以通过将自己种植的树出售给有资质的贸易商来获取直接收入。檀香树的特点让它适合较小的花园，因为它的价值高而体型小，即使它需要生长多年才能成熟。妇女和儿童可以参与生产并增加现金收入。印度已经开始试验种植园，包括在卡纳塔克邦，在那里负责檀香木雕刻制品的国家手工业发展集团（State Handicrafts Development Corporation）鼓励种植檀香树而不是烟草，以改善农民的生活并保护这种标志性树木。通过为土地所有者提供信息、种子和树苗，从政府控制自然生长的檀香树到在私人种植园中种植檀香树的转变似乎正在取得缓慢进展。

在印度，提取檀香的传统方法是使用木柴点燃明火，并将檀香木放在竹子、黏土、铜和皮革制成的设备上，小火加热长达数小时。据说按照这种方法生产的精油，品质高于速度更快的蒸汽蒸馏法，因为后者利用高压来蒸馏檀香木。最优质的精油来自老心材，优中之优来自树根和树干基部。檀香树被砍倒，拔出树根，再进行分拣，然后心材被仔细分离并切割成大块出售，较大的木块用于雕刻，如果是为了生产精油，则进一步研磨成粉末，粉末很细，但不至于细到在蒸馏器中变成糊状物。在传统过程中，这种珍贵的木材被装进装有适量水的铜制蒸馏装置（当地语言称为"deg"）中，然后放在精心看管的木柴明火上。蒸馏装置通过竹管冷凝器（chonga）连接到放入冷水槽中的黏土接收器（bhapka）上。

48

提取一旦完成，混合物就被倒入一个皮革瓶子（kuppi）中静置以令其沉淀，并让其中含有的任何剩余的水透过皮革蒸发。传统蒸馏法还被用来制作花油，檀香的温和与支撑性被用来保持各种当地花卉的香味。这些花油是在卡瑙季（Kannauj）生产的，它们的名字对于外国人颇有异域风情——古拉布（gulab）花油是用蔷薇生产的；莫提阿（motia）、克美利亚（chamelia）和朱希（juhi）描述的是茉莉品种；而库达（kewda）、占帕（champa）和金达（genda）则是指中东植物露兜树、黄玉兰和万寿菊。我将在第 6 章讲到的米提（mitti）花油，是将雨水的气味从卡瑙季的泥土中蒸馏进檀香中得到的。[15]

　　檀香吸引我们的所有感官，它不仅仅是作为一种用于香水和熏香的芳香物质。使用檀香粉制成的浅色糊状物可以被用在化妆品中，而且这种木粉可能被克利须那神的追随者用在自己的前额上以画出明显的条纹。按照传统，太平洋岛民曾用它为椰子油增香，这种变香的椰子油被他们揉进塔帕里，或者用作护理头发和皮肤的芳香乳液。印度教神祇文卡特斯瓦拉（Venkateswara）的雕像有时拥有白色的樟脑前额，与由麝香和檀香混合而成的条纹形成对比。纹理精美的檀香木仿佛是专门为了雕刻成复杂的物体，但也可以制成光滑的珠子，这种珠子的触感令人愉悦和平静。檀香味苦，性凉。在夏威夷，这种木头被用来制作构造简单的弦乐器口弓，当地人称其为"尤克克"（ukeke）。

是什么令檀香精油如此珍贵？我们可以找到诸如深邃、丰富、珍贵木材、黄油质感、皮肤般的、滋养或持久这样的描述性词语，但是也许，就像美丽的艺术或复杂的风景一样，最好的做法是接受，接受它就是这样。它是什么？是檀香。它的芳香不是来自伤痛，也不是来自疾病；它的成分并不参与积极防御，而只是岁月和所生长的环境的产物。技术分析表明，檀香精油和大多数精油一样有很多成分，但是它含有两种源自倍半萜烯檀香烯的醇——α-檀香醇和β-檀香醇，它们是行业用来确定质量的标准。β-檀香醇还具有一种有趣的品质，专业调香师有时用它来评估香水配方。β-香堇酮是一种香水成分，可以带来美妙的堇菜风味，但也拥有强烈的木质香调，尤其是在未稀释的情况下。试图确定香水中是否存在β-香堇酮的调香师可以使用具有强烈木质香调的β-檀香醇让自己的鼻子对木质芳香感到麻木。一旦她或他不再闻到来自β-香堇酮的"木头味"，更空灵的堇菜香调就会散发出来，就像香水中的堇菜香调在皮肤上散发出来一样。[16]

古代或现代，东方或西方，关于熏香，有几件事是真实的。它是可见的香味，带着传递给众神的信息向天空升腾，

49

它宜人的香味意味着善良和纯洁，而且几乎总是涉及倍半萜烯。世界各地至今仍在使用熏香，用在宗教中（如乳香和柯巴脂），也用在家庭等私密空间中。我喜欢设想这样一个场景，它可能来自今天或者 4000 年前。这个场景开始于一个女人，她处于一个私密且个人的空间，她可以在那里冥想或祈祷，这是个不属于外部世界的地方。在某一天的早上，她拿出一个自己之前用过很多次的珍贵鲍鱼壳，以壳为钵倒入沙子并将其堆成一个小丘。她从一个裹着布的小包里拿出两三块小小的水绿色乳香树脂，又从另一个小包里拿出一点形状扁平的木炭。她用小钳子夹住木炭，放在火焰中烧上几秒钟，再对着木炭吹气直到它均匀地燃烧，当表面覆盖上一层白灰后，她将它放在沙堆顶端。然后，她小心地将乳香添加到炽热的木炭上。芳香的烟雾立即升起，随之而来的是树脂、柑橘、木头和甜香香脂的气味。在这一天里，除了坐在这个安静的空间，呼吸着芳香的烟雾，关注自己的思绪之外，她感觉自己不需要做任何其他事情。改天她可能会用这种烟雾净化和清洁自己的居住空间。她所做的是永恒的仪式，古老如同火焰，无量如同信仰。

PART 2

香　料

香料小到可以装进厨房架子上的小瓶子里，但又充满芳香和历史，它们曾对贸易和探险产生过全球性的影响。曾经它们的起源地是那些帮助建立帝国并创造巨额财富的商人的秘密，也是许多相关传说的主题。我们可能会把香料看成种子，但其实它们可以是果实、性器官、树皮、树叶，当然，有些香料的确是种子。每种香料都通过一套常常具有抗菌和保护作用的分子来产生独特的芳香和味道。我们并不总是能够描述某种特定香料的香味，但是几乎所有人都能辨认出新鲜黑胡椒粉的锐利气味、肉豆蔻抚慰身心的芳香或者姜的辛辣味道，而且我们几乎找不到一个没有香料的世界，无论在哪里，它们都为人类的食物（以及香水）增添着复杂性和趣味。而且很多文化认为香料有药用价值。欧洲人尤其喜欢使用香料为本来寡淡的食物增加层次，为盛大的宴会增光添彩，有时候，他们还可能觉得香料有催情功效，能够为床笫之事增添感官上的愉悦。在我们的故事中，每种香料都有不同的起源和生物学背景，但它们都在世界历史上占有一席之地。有时，我们仅仅通过阅读商品标签上的异国地名就可以粗略了解它们的故事——我在商店里仔细查看瓶装黑胡椒时问过自己，代利杰里（Tellicherry）和马拉巴尔（Malabar）有什么区别。许多个世纪以来，商人组织商队或者乘着货船，跨越数千英里，前去交易这些形式上小巧便捷、起源却难以捉摸的异域财富。黑胡椒、肉豆蔻、姜、肉桂和小豆蔻，这些香料装满商船的货舱，在刮着季风的海上航行，或者装在骆驼的背上穿越干旱的土地。它们是珍贵的货物，是让人们建起帝国的货物。

52

伊斯兰教在 7 世纪的崛起与中东实力的增长发生在同一时期，这是因为宗教是沿着贸易和交流路线传播的。到 8 世纪时，伊斯兰世界从喜马拉雅山脉延伸至大西洋，沿途有贸易路线、绿洲和港口。穆斯林在古代丝绸之路上收益颇丰，他们的成功建立在为货物来源保密的能力和他们讲述的充满危险的传奇故事之上：胡椒沼泽中生活着鳄鱼，必须用火才能赶走；巨鹰用肉桂筑巢；还有在乳香树中做巢的凤凰。随着时间的推移，强大的实力从穆斯林商人延伸到意大利城邦，其中在 11～12 世纪首屈一指的是热那亚、比萨和威尼斯。这也是十字军东征的时期，而威尼斯刚好在那里为十字军提供货物，因为它的位置非常理想，就坐落在地中海贸易路线上的东西方之间。香料开始大量涌入威尼斯，进而抵达更广阔的欧洲地区并带来巨额利润，但阿拉伯商人仍然把持着贸易路线。在苏门答腊、马来半岛，特别是印度南部的马拉巴尔海岸，活跃的国际贸易港口蓬勃发展，纷纷涌现。

疾病也沿着贸易路线传播。1346 年，历史上最致命的瘟疫之一黑死病在欧亚大陆迅速蔓延。当这场毁灭性的大流行在 14 世纪 50 年代初消退时，人口已经大大减少，这导致劳动力供不应求，于是财富分配在一定程度上变得更平均。威尼斯随后得以主导来自埃及亚历山大港的香料贸易，将近 500 万磅香料通过这座港口运往欧洲其他地区。在欧洲艺术的黄金时代，绘画中使用的异国颜料和香料一起抵达欧洲，为艺术家补给物资。

53　　在世界的另一端，香料、檀香和熏香继续以数千磅的数量流入中国。香料的起源对欧洲人而言依然扑朔迷离，这为野心勃勃的西班牙和葡萄牙帝国支持航海家的海上探险提供了动力，例如克里斯托弗·哥伦布（Christopher Columbus）、费迪南德·麦哲伦（Ferdinand Magellan）和瓦斯科·达·伽马（Vasco da Gama），他们许诺要找到香料产地。

虽然哥伦布没有找到香料，但西班牙征服者埃尔南·科尔特斯（Hernán Cortés）和弗朗西斯科·皮萨罗（Francisco Pizarro）很快就通过阿兹特克人和印加人的黄金和白银攫取了巨额财富，为西班牙提供了成为全球霸主所需的资金。许多年后，由葡萄牙资助的瓦斯科·达·伽马精心规划了一条路线，他沿着非洲海岸前往亚洲，抵达了印度的卡利卡特（今加尔各答），并且真正带回了香料。1519年，葡萄牙探险家费迪南德·麦哲伦率领一支有5艘船并挂西班牙国旗的船队启航前往香料群岛。尽管他没有活到航程结束，但他手下的一位船长胡安·塞巴斯蒂安·埃尔卡诺（Juan Sebastián Elcano）完成了环球航行。

荷兰海上贸易商追随威尼斯人、西班牙人和葡萄牙人的脚步抵达香料群岛，并在17世纪初建立了荷属东印度公司。他们很快将葡萄牙人驱逐出香料群岛，并继续控制该群岛大部分地区的贸易。荷兰绘画在此期间蓬勃发展，来自香料贸易的财富支持了包括伦勃朗（Rembrandt）、维米尔（Vermeer）和弗兰斯·哈尔斯（Frans Hals）在内的画家，以及在代尔夫特创造出备受追捧的蓝白陶瓷的工匠们。你可能会注意到，这还意味着贸易和财富的向北方转移，从西班牙、葡萄牙和意大利等地中海国家转移到北欧。紧随荷兰人之后，英国人开始建造船只并驶向新近获取特许经营权的东印度公司控制之下的香料产地。在之后的数百年里，随着俄国参与亚洲贸易，贸易中心再次转移。石油在波斯的发现导致了另一种类型的路线——黑金贸易路线，这又为一切的起点阿拉伯半岛带来了新的财富，创造出一个完整的循环。[1]

对于当地人而言，黑胡椒等香料既是药物，也是烹饪原料，是人们熟悉的景观的一部分，至今仍种植在家庭花园和附近的树林里。对于权贵而言，它们既是药物也是奢侈品。公元前120～前63年，统治着安纳托利亚北部的希腊化时期的国王米特拉达梯大帝（Mithridates the Great）是罗马最强大的敌人之一。为了在生活以及被统治臣民的挑战中生存下来，他想让自己变得尽可能强大，方法竟然是每天服用小剂量毒药以增强自己的耐受性，同时他还发明了一种自认为的通用解毒药，名为万应解毒剂（Mithridaticum）。[2] 根据1746年出版的《伦敦药典》（London Pharmacopoeia），这种药物使用了大量香料和香草，其中包括没药、乳香、番红花、姜、肉桂、甘松、香脂、薰衣草、荜拨、白胡椒、胡萝卜籽、小豆蔻、茴香，以及其他香草和植物（在《伦敦药典》的另一个版本中还推荐使用石龙子腹）。接下来这些药材被混入蜂蜜和酒。后来，尼禄的医生对配方做了"改进"，将毒蛇作为重要成分加入其中。

我和家人在瑞典生活过一年，在那里获得了许多回忆和珍贵的家庭用品。虽然我当时年纪很小，几乎不记得在那里度过的时光，但我们家里有很多东西在提醒我，例如彩绘达拉木马、滑雪用的暖和的羊毛手套以及手工制作的羊毛丽亚地毯。从我记事起，母亲就有一道源自那段时光的食谱——一种富含小豆蔻的扁桃仁酥皮糕点，每逢特殊场合和圣诞节，她便会花几个小时揉捏和折叠面团。这种糕点由黄油、扁桃仁和小豆蔻制成，充满了一种奇妙的芳香，我一直将这种香味与斯堪的纳维亚地区联系在一起。当我在书中读到维京人对小豆蔻产生了特别的喜爱，并将它从东方带回来用在烘焙和香盒中以及用作催情药时，这种中东香料与北欧有联系的谜团就迎刃而解了。直到今天，小豆蔻对我而言仍然意味着甜美的黄油糕点，而不是咖喱和马沙拉。

这些推动探险和世界经济发展的香料常见于美洲和南亚的森林、山坡和花园中。黑胡椒藤点缀着印度西海岸的沿线景观，在那里，姜和小豆蔻也在季雨浇灌下的青翠植被中生长。热带的肉豆蔻树起源于印度尼西亚的火山岛班达群岛，这座群岛被珊瑚礁环绕，肉豆蔻树在那里的咸雨和海风中茁壮生长。丁子香来自坐落于菲律宾和澳大利亚之间海域的特尔纳特岛和蒂多雷岛。一船又一船的芳香货物从这些小岛出发被运往世界各地，到达贵族和富豪的餐桌上。作为少有的非热带香料之一，番红花起源于喜马拉雅山脉的岩石山坡以及地中海周边。早至青铜时代，地中海地区的人类就开始采集独特的番红花，并将它们画在壁画中作为纪念。在远离香料群岛的中美洲，可可树生长在森林中，为神祇和统治者提供食物；作为可可的好伙伴，香子兰攀附在美洲热带栖息地的树木上生长。

现在可能是介绍一些术语的好时机，就从花开始吧。花瓣可大可小，它们可能以一种可爱的对称方式排列，称为辐射对称，就像毛茛或者百合；它们也可能呈两侧对称，就像堇菜或者兰花。要想检验一朵花是辐射对称还是两侧对称，可以在脑海中画一条穿过花表面中心点的线。如果你可以在花的任何位置画线并将其分成完全相同的两半，那它就是辐射对称的。想一想果馅饼。如果你只能画出一条线来创造镜像，那么这朵花就像人脸一样是两侧对称的。花瓣形成颜色鲜艳的花冠，主要用于吸引传粉者。萼片生长在花瓣下方，为更脆弱的花瓣提供保护，通常不显眼并且呈绿色，但有时一朵花需要比只有花瓣负责吸引注意力时更醒目，于是萼片会加入进来，让花朵显得更鲜艳多彩。当花瓣和萼片外表相似时，它们被称为被片，并合称为花被。在绚丽的外表之下，花的本质是植物的性器官。雄性器官称为雄蕊（stamen），我记得它，因为里面有"男性"（men）这个单词。雄蕊包括生产花粉的花药，花药通常着生在柄上。雌性器官是雌蕊，通常也有柄，而且末端有黏性物质以吸附花粉粒，然后花粉粒向下伸出花粉管，穿过支撑雌蕊的花柱，抵达位于底部的子房并使胚珠受精，令其发育成种子。种子可以在肉质果实中发育，也可以基本呈裸露状态，但它们通常含有一些营养来源以帮助其生长。从香子兰荚果中的细微种子到硕大的椰子再到不那么大的鳄梨，种子的大小不一。叶片通常没有花瓣复杂，而且由于含有叶绿素所以几乎总是绿色的，叶绿素让它们能够获得来自太阳的能量并将其转化为维持植物生命活动所必需的碳水化合物。考虑到植物和化的丰富和多样性，上面的描述是个简化版本，但应该足够让你开始阅读下面的内容。对于某些植物而言，它们从太阳那里获取能量并合成糖、淀粉和蛋白质的过程非常复杂，但是更进一步的合成过程，即所谓的植物次生化合物的制造才是本书所关注的主题。虽然我们通常认为花是制造芳香族化合物的微型工厂，但这些化合物也是香料种子或香子兰荚果的味道来源。这些化合物数千年来被我们用作药物、食物和芳香剂，有时还被用来改变我们的情绪。

小豆蔻的花和叶片

03 西高止山脉上的香料

位于印度马拉巴尔海岸的西高止山脉富饶、青翠且神秘，过去和现在都是香料的重要产地，而且可以说是香料贸易的基础。对于世界其他地方而言，这些遥远的香料森林曾经仿佛是神话之地：在传说中，蛇、蝙蝠和巨鹰保护着这些香料。潮湿的季雨林沿着山脉两侧生长到约 4000 英尺的海拔高度并支持着丰富多样的动植物群落，而且群落结构明显分层。高大的露生层乔木伸向太阳，并为第二层植被提供过滤后的阳光。靠近地面的是喜阴的灌木、禾草、草本植物，以及填充空间并利用森林结构向上伸展的攀缘藤本植物。在出产香料的雨林中，降雨模式是生物多样性的驱动因素，降雨量有 200 ～ 300 英寸[*]，大部分降雨发生在 6 ～ 9 月的夏季季风月份，接下来是秋冬旱季。[1] 历史上的商人曾经利用同

---

[*]　1 英寸等于 0.0254 米。

样的季风推动他们的船帆，穿过印度洋前来收集丰富的香料再返回家乡销售。在香料贸易中最受欢迎的三种香料起源于这些富饶且受到庇护的生态位，它们是黑胡椒、姜和小豆蔻。胡椒（*Piper nigrum*）藤绕着乔木树干生长，开白色小花，结出的绿色小果实簇生在一起，形成长长的果序。姜（*Zingiber officinale*）和小豆蔻（*Elettaria cardamomum*）从粗壮的根状茎中生长出来，向上伸展它们的长矛状叶片以收集经过森林过滤的阳光，然后长出高大的浅色穗状花序。

60

黑胡椒号称"香料之王"，过去是（现在也是）国际香料贸易中的重要商品，并且还是探险之旅的强劲驱动力。[2]小且皱巴巴的黑色果实沿着古老的丝绸之路和海上香料之路抵达世界各地，激励了郑和、达·伽马、麦哲伦和哥伦布等探险家。香料贸易商将这些攀缘植物运往印度尼西亚和马来西亚，他们出资在那里建造了大型港口城市，而黑胡椒如今的产地还包括中国、印度尼西亚、越南和巴西。柬埔寨南部的贡布地区生长着一种特殊类型的黑胡椒，它拥有全球地理标识，这种标识也应用在其他的独特农产品上，包括来自法国苏尔宗河畔罗克福尔镇的罗克福羊乳干酪（**Roquefort**）、中国北京平谷区的平谷大桃、埃塞俄比亚咖啡以及大吉岭茶。虽然这种黑胡椒并不是贡布的本土物种，但胡椒植株在该地区富含石英的土壤中生长良好，结出的果实具有柑橘类果香，并带有类似茉莉花的风味。地方特性为种植出产地所独有的可识别理想农产品提供了风土条件。在胡椒的原产地印度，人们会在夏季季风来临之前将胡椒藤种在花园里，而且可能经过驯化而依附波罗蜜树或杧果树生长，以待冬季收获。

我们称它为黑胡椒，但这种植物也为我们提供了未成熟的绿色果实以及名为白胡椒的去皮果实——这些产品的区别仅仅在于加工方式，这赋予了它们略微不同的风味。我希望你体验过新鲜黑胡椒粉带来的惊人锐利感。这种辛辣，这种刺激，这种"胡椒味"来自深色的外皮。成熟的红色果实放在阳光下晒干，表面会形成一层皱巴巴的黑色覆盖物，同时激活胡椒碱和柠檬烯等刺激性挥发油，让你在研磨它时闻到美妙的锐利感和柑橘气味。如果进行处理（例如加热）以阻止成熟，可将绿色果实泡在盐水中，以获得更具草本风味的胡椒味道。因为去除了黑色的外皮，白胡椒在一定程度上更温和，风味也没有那么复杂。白胡椒还可能会有短暂的粪便气味，而且会慢慢变成一种均匀的锐利感。这种气味很可能来自粪臭素和其他挥发性化学物质，这些物质是在传统的水处理（称为沤制）过程中产生的。印度尼西亚是白胡椒生产大国，白胡椒由于用途多样且在烹饪中广泛使用，它在该国被认为是黑胡椒的增值产品。粉红胡椒呢？有时它是黑胡椒的未成熟形

61

态，但有时它来自一种完全不同的植物，即肖乳香（*Schinus molle*）。这种植物原产于南美洲北部，结粉色胡椒粒，花有香味，可作为观赏植物种植。在佛罗里达州，近缘物种巴西肖乳香（*S. terebinthifolius*）是入侵植物，也结深粉色浆果供鸟类食用并利用它们传播种子。

胡椒也是香水制造业中的重要原料：经过精心提取的黑胡椒精油可以增加一种由柑橘香调修饰的完美锐利感，并融入优雅的木质气息。绿胡椒精油就像胡椒香料一样，在锐利感的表面下还有一种可爱的独特绿色清新香调，而小剂量的白胡椒精油则增添了类似麝香的味道。粉红胡椒精油有干燥木质辛辣味道，并具有一定程度的清新香调，当它与薰衣草混合作为前调时效果极佳。黑胡椒外皮中的胡椒碱及其相关合成物派卡瑞丁的味道都不为昆虫所喜，可用在天然驱虫剂中。[3]

从最早的时候开始，胡椒的微小种子很可能沿着亚洲的旅行路线传播并抵达埃及，黑胡椒在那里被用于尸体防腐，而它在中国被当作药物。早在公元前 2000 年，亚述人和巴比伦人就已经在交易来自马拉巴尔海岸的胡椒、小豆蔻和肉桂。随着香料贸易的发展，胡椒藤被运往苏门答腊、爪哇和东印度群岛等其他热带地区。胡椒在古罗马是著名香料，被储存在专门的胡椒仓库（horrea piperataria）中。西哥特国王阿拉里克（Alaric）在 410 年征服罗马时要求支付胡椒作为赎金。

在英国，黑胡椒曾被用来支付租金（所谓的胡椒租金），而且伦敦市最古老的行会之一是 1328 年注册为批发商的胡椒商行会（Pepperers' Guild）。胡椒行业的工人经常被要求剪掉衣服上的口袋再将洞缝上，以防止工人监守自盗。

和很多西方人一样，在为这本书做调研之前，我熟悉的是达·伽马、哥伦布和麦哲伦的旅行——至少表面上如此。然而，郑和（约 1371 ~ 1433）的故事向我展示了早期探索新颖且迷人的一面。这位著名探险家出生时名叫马和*，父母都是穆斯林，约 10 岁时被俘。他在 13 岁时被阉，后来他成长为一名身材魁梧的战士，被赐名郑和并成为宦官。受命于明朝的第三任皇帝朱棣，郑和当上了一支舰队的指挥，这支舰队由巨大的宝船组成，专为探险和运输宝物而组建。郑和的舰队从中国南方驶过苏门答腊和马六甲，抵达斯里兰卡和印度马拉巴尔海岸，这是一次展示外交和军事力量的象征性旅行。虽然舰队为中国市场买进了黑胡椒，但宝船更以运送非洲长颈鹿和第一批眼镜等奇物而闻名。在郑和远航后不久，距离后来达·伽马第一次航行仅 65 年时，中国退出了世界贸易，从而在海洋中为欧洲探险家留出了空间。[4]

在随后的数百里，胡椒继续成为基础贸易商品——更

---

* 此说存疑。

多的是因为数量而不是每磅的价值，并支持了欧洲富裕港口城市的发展。当胡椒藤抵达卡利卡特、苏门答腊和马六甲后，它们被种植在树木茂密的山坡上。在冬季的收获季节，当地人会采集种子，将其装上他们的小船，然后顺流而下，悄悄地从森林里出来与商人会面。在读到早期贸易期间数百万磅产自亚洲各国的胡椒被罗马进口时，我的脑海中不禁浮现出这样一幅场景：无数黑色小球如瀑布般从热带森林中奔涌而出，在海洋上空形成黑色的激流。

和许多其他珍贵香料一样，关于胡椒，也有一些故事讲述与其神秘的收获过程相关的危险生物和环境。马可·波罗是众多东方香料相关传奇故事的源头，他曾经谈到生长胡椒藤的森林被危险的蛇环绕，必须用火烧掉森林赶走毒蛇，而且这样做还会让胡椒藤结出表面有黑色皱纹的果实。有些传说带有一定真实性。21 世纪的相关研究正在世界范围内引起人们对蛇咬伤危险，尤其是毒蛇咬伤的关注。在马拉巴尔，蛇咬伤最常在 8 月、9 月和 10 月发生在 21 ~ 40 岁男性身上。虽然受伤者的职业和被咬伤的具体情况没有记录在案，但这种受伤模式说明他们大概率是农业劳动者。而且作案者都是可怕的蛇，例如潜伏在茂盛植被中的眼镜蛇、蝰蛇和金环蛇。[5]

胡椒属植物的穗状花序由微小的花组成，花期持续数天，为它们传粉的可以是昆虫，也可以是传播花粉的雨季风雨。作为藤本植物，胡椒植株需要攀附物体生长，并偏好森林下层的潮湿和阴凉条件。想象一下，有这样一片热带或亚热带森林，气候温暖潮湿，植被拥有分层结构，最高大的露生层乔木耸立在林下层的高大灌木和中型乔木之上，丰富的藤本植物沿着树干向上生长，此外还有一层贴近地面的地被草本植物。当胡椒藤找到合适的生长条件时，它会爬向光源，同时将根系附着在支撑自身茎干的树皮上。这是胡椒藤

的祖居之地，在合适的时间和合适的湿度之下，也许还在一些季风、来访小昆虫及清晨露珠的辅助之下，花朵开放并传粉，胡椒果实发育并产生防御性的芳香族化合物。胡椒属是一个大属，拥有 1000 多个物种，还包括荜拨（*P. longum*）、荜澄茄（*P. cubeba*）和蒌叶（*P. betle*），后者在亚洲某些地区很受欢迎，当地人喜欢咀嚼它的叶片。大约 700 个物种在新热带区以草本植物、藤本植物和灌木的形态生长，它们是重要的林下植物，蝙蝠常常以它们的果实为食并传播种子。[6]

姜和小豆蔻是在潮湿森林中的树木和藤蔓下方并靠近地面生长的植物。它们都是姜科的成员，为多年生草本植物，拥有根状茎，即地下茎，同时长出根系和新芽。姜科植物在其东南亚原产地的潮湿林下生境中很常见，它们适应当地的季

64

风气候，有些物种会在旱季进入休眠状态，丧失其生长叶片的地上部分。姜作为香料使用的部位是根状茎，而小豆蔻用的则是种子：这两种植物都已被广泛驯化，并在世界各地进行商业种植。姜科成员拥有高度修饰的花，呈两侧对称形态，并拥有硕大的黄粉或黄紫相间的带条纹的唇瓣。五枚或六枚可育雄蕊分化成形态不一的花瓣状器官。作为一个高度驯化的物种，姜不再开花，除非不收获它任其生长或者一开始就使用比平常更大的根状茎种植，但它芳香的肉质根状茎长得非常好。[7]

印度和中国很早就开始栽培姜，并将它带上商船，因为姜的根状茎很容易在船上种植，姜可能既用作食物也用作止吐药。香料的故事常常是先药后食的故事。姜长期以来一直被认为是缓解恶心和帮助消化的解毒剂。作为添加在食物中的调料，中世纪欧洲厨师和食客喜欢使用生姜等香料，令滋味平淡的食物和腌肉变得更加可口。鲜姜根常用于各种菜肴，姜根磨成的粉也是如此，而且姜的嫩根在有些地区还被直接食用。对于新鲜的姜，热烈、刺激、柑橘和清新等描述性词语会浮现在脑海中，而新鲜的优质姜精油也有同样的效果。在干燥和磨成粉后，姜会失去其清新香调，而变得带有一些木质香调，尽管仍然刺激和辛辣。大多数姜精油的确如此。[8]

小豆蔻是姜的近亲，作为香料使用的部位是种子。小豆蔻也原产于西高止山脉,自然生长在那里的潮湿常绿森林中,如今已作为栽培作物引入许多国家,在海拔 2600 ~ 4300 英尺的丘陵地区生长得最好。它号称"香料王后",而且被认为是继番红花和香子兰之后世界第三贵的香料。据古代梵文文献记载,小豆蔻已经被人类使用了数千年,而且在某些中东国家,它经常被添加在咖啡中。和姜一样,这种植物是有根状茎的单子叶植物,叶片长 1 ~ 3 英尺。花生长在长圆锥花序中,花序从植物基部长出,可能直立也可能直接躺倒在土壤或者森林的枯枝落叶地被物上,有些花序的花多达 45 朵。小豆蔻的盛花期恰逢雨季高峰期,在印度一般从 5 月持续至 10 月。花中有一枚位于下方的大唇瓣,为传粉者提供着陆空间,而粉色或紫色的蜜源标记(nectar guide)引导它们获取花蜜,但传粉者要想吃到花蜜,必须挤进花药和唇瓣之间,并在进入时将花粉传递到柱头上,而当它们从花中退出时会再次采集花粉。每朵花可以被访问多次,如果受精,会结出一个内含约 10 粒种子的蒴果,这些种子就是香料。这种香料的气味微妙而芳香,无论是精油还是新鲜研磨的粉末,闻起来一开始都是松树味儿的——没错,松树——并带有一丝柑橘和花香的味道,很快会变成一种很好闻的辛辣木质尾调。在世界各国风味中,许多伟大的香料混合物中都有小豆蔻的身影,包括也门的香菜辣青酱(zhoug),叙利亚、土耳其和伊拉克的

66

中东混合辣椒粉（baharat），印度的咖喱粉、香料茶和可玛混合香料，以及马来西亚的马沙拉。小豆蔻荚果是阿拉伯商人开展的早期贸易中的商品，也是贝都因人聚集在篝火旁时用在咖啡里的调味品。维京人将它带到斯堪的纳维亚半岛，在那里它出现在了我母亲过去常做的甜味酥皮糕点中。[9]

和姜一样，小豆蔻也被种植在印度西南部原产地以外的地区，如今危地马拉是其最大的商业生产国。它还被种植在斯里兰卡、巴布亚新几内亚和坦桑尼亚。当小豆蔻生长在故乡西高止山脉时，它可能被人工栽培并替代其他森林作物如咖啡，但仍然有孤立的小片野生小豆蔻生长在种植区域之外。最初，人们定期从野外采收小豆蔻，驯化的过渡意味着当地人会清除树木的林下层以促进小豆蔻的生长。和世界各地常常发生的情况一样，人们需要收获更多小豆蔻而且需要更容易地采收它们，这导致了野外森林多层结构的丧失和更加简化的森林结构，并由人工结构或人工林来提供遮阴。

大多数农作物都需要传粉者，它们通常是某种蜂类，在忙于采集蜂蜜和花粉的同时顺便为种植者提供下一年耕作使用的种子。但是，许多香料植物如今生长在远离其原产地而且生态环境也完全不同的地区。人工栽培小豆蔻的花期更长，花蜜更多，吸引了蜜蜂和一些无刺蜂等群居蜂类，将作为原始传粉者的本土独居蜂类取而代之。野生小豆蔻植株仍然由

67

切叶蜂等独居蜂类传粉，但是它们密度较低，而且由于不受人类管理，会更容易受到象群、其他植物过度生长、倒下的树木和森林火灾的破坏。印度小豆蔻种植园有两种适合传粉的蜂类，大蜜蜂（*Apis dorsata*）和东方蜜蜂（*A. cerana*）。东方蜜蜂是一种亚洲蜜蜂，可以饲养在由人类制作的蜂箱中，但这些蜂箱的租金可能很贵，而且很多土地所有者缺乏维护它们的知识。大蜜蜂不会定居在一个地方，而是根据资源移动，而且由于传统蜂蜜采集者已经摧毁了它们的种群，这个物种如今已经很稀有。黄跗无刺蜂（*Tetragonula iridipennis*，曾用名 *Trigona iridipennis*）虽然体型小且不显眼，但也为小豆蔻的花传粉。许多同类的蜂类也为常与小豆蔻种在一起的咖啡传粉，这令研究人员认识到维持蜂类种群健康的重要性。以开花植物为常规食物来源可能有助于将传粉者留在农场，而开花日历向农民提供开花顺序的信息，有助于为野生传粉者提供全年食物来源。按照开花日历的建议在田野及周围添加开花树木可为咖啡和小豆蔻、天然地被物、蜂类筑巢地以及可能种植黑胡椒藤的地方提供遮阴。西高止山脉的森林植被丰富，结构复杂，气候可全年支持开花植物及其传粉媒介。[10]

肉桂号称"凤凰香料"，没有黑胡椒的辛辣，而是带有一种家常和微甜的味道，被用在许多食谱中。它来自一种高大热带乔木的树皮，这种树的木材略带光泽的玫瑰色纹理，可用于雕刻。该香料常见的种类有两个，锡兰肉桂（*Cinnamomum verum*，亦非正式地称为 *C. zeylanticum*）和肉桂（*C. cassia*）。这两种肉桂出现在中国的五香粉、墨西哥和中美洲的热巧克力、黎巴嫩羊肉菜肴，以及世界各地购物中心都有供应的黏糊糊的美味肉桂卷中。锡兰肉桂生长在西高止山脉和斯里兰卡的森林中。来自斯里兰卡的锡兰肉桂被认为品质最佳，它在那里发展出一种经典而微妙的风味，甜而辛辣，并且没有苦味。另一种肉桂自然生长在中国南方、印度阿萨姆邦、缅甸和越南。它的味道有点简单，但很强烈，并带有一丝苦味。锡兰肉桂的单生肉质果实对以植物果实为食的本土鸟类很有吸引力，并借助它们将果实散布在整片森林中。不同种类的肉桂树在其热带栖息地中是林冠层的重要组成部分，而且它们在有些地方会成为优势物种，抑制其他本土树木的生长，例如塞舌尔群岛。和大多数香料一样，肉桂中挥发性芳香物质的成分很复杂，其中包括70多种不同的化合物，这些化合物提供了独特的味道或气味。在肉桂中，肉桂醛提供了甜美和花香般的肉桂芳香，但这种香料还含有丁子香酚，赋予其类似丁子香的辛辣风味。肉桂树的花散发出一股肉桂与花结合的芳香，尝起来的味道像多香果和胡椒。精油可从树的多个部位获取，主要用于调味。[11]

　　和其他起源于亚洲的香料一样，也有一些传说描述了肉桂的起源和收获。鹰和凤凰都与肉桂有关，人们将凤凰与这种香料带来的热感和干燥感联系在一起，令人想起阿拉伯地区的烈日，人们还认为鹰将肉桂用作筑巢材料。别在意，肉桂并不生长在阿拉伯沙漠中[*]；神话传说以及人们将植物分为干热植物或湿冷植物，令凤凰和肉桂成为天然搭配。凤凰的巢是用肉桂、没药和乳香等香料建造的，在这种鸟浴火重生之时，这些香料创造了一个气味芬芳的火葬柴堆。根据希罗多德的说法，在收获肉桂时，必须从巨鹰的筑巢材料中取出肉桂棒，第一步是喂给鹰大块的肉。当鹰将肉带到巢穴时，重量会令鹰巢倒塌，让人可以趁机收集肉桂。或者，同样根据希罗多德的说法，一些肉桂树（可能是 *C. cassia* 类型）生长在被吵闹而讨厌的蝙蝠保护的浅湖中，因此采集者不得不穿上防护皮衣才能采集它。

　　无论如何采集，肉桂都来自茎和树干的内树皮，它们被剥下来并切割成长约 3 英寸的小块，经过干燥后卷曲起来，形成独特的管状小棒。质量较差的树皮、较小的碎片以及残渣

---

[*]　西方神话中的不死鸟（phoenix）生活在阿拉伯沙漠中，凤凰这个译名只是借用了中国神鸟的名字，二者其实并不是同一种鸟。这里提到的凤凰是浴火重生的不死鸟，中文古籍从未对中国"原产"凤凰有过此种记载。

可以磨成粉末出售，或者进行提取以生产精油。在古罗马和中世纪的欧洲，人们通常使用肉桂来保存和纪念去世的达官贵人，包括独裁者苏拉，他的一座雕像就是用肉桂制成的。其他帝王也会确保肉桂与其他芳香香料一起添加到他们的火葬柴堆中——也许是为了再现凤凰的重生和生命对死亡的胜利。14 世纪方济各会修士胡安·吉尔·德·萨莫拉（Juan Gil de Zamora）在撰写的科学百科全书中提供了治疗猛禽的药方。要想治疗苍鹰的头痛，他建议使用丁子香、肉桂、姜、胡椒、小茴香、盐和芦荟的混合物。如果在这样的治疗之后你的手指还完好无缺，你可能还想把琥珀、姜和胡椒磨碎混合在一起，喂给你那只患上风湿病的隼。对于人类而言，肉桂是一种较为知名的药用香料，并被认为是一种性质温热的香料，因此根据盖伦的《论解毒剂》（Concerning Antidotes）一书，它是具有危险冷凉毒性的毒芹的解毒剂。[12]

肉豆蔻、肉豆蔻种衣以及丁子香

04 香料群岛

　　以前，前往盛产香料的摩鹿加群岛（今名马鲁古群岛）的水手知道如何获得一些生长在那里的珍贵的丁子香。根据传说，在抵达当地海滩后，他们会将贸易货物堆成一堆留在那里，然后回到船上。第二天早上，他们会返回海滩，在那里找到一堆当地人认为数量合适的丁子香。无论是真是假，这个关于和平贸易、尊重原住民以及一分钱一分货的简单故事都没有持续下去。印度尼西亚群岛中的这些小火山岛及其标志性香料成了全球财富和权力竞争的核心参与者。散落在澳大利亚北部和亚洲南部之间的海洋中，东西两边与巴布亚新几内亚和马来西亚相邻，多山的马鲁古群岛和班达群岛组成了所谓的香料群岛，其中的岛屿有的很小，而有的只是不那么小。[1] 它们在澳大利亚和亚洲之间占据着得天独厚的位置，这导致群岛进化出了极其多样且独特的动植物种群，其中包括肉豆蔻（*Myristica fragrans*），它是一种高大的常绿树木，雌雄异株（即分为雄树和雌树）。一棵肉豆蔻树需要生长 7 年才会开花，然后种植者才能区分雄性和雌性，并将大部分雄树剔除，只留下少数几棵为产生种子的雌花授粉。在树木中，肉豆蔻的种子算是比较大的。除了原产地班达群岛，肉豆蔻树在格林纳达、印度、印度尼西亚的其他地区、毛里求斯、新加坡、南非、斯里兰卡和美国都有种植。肉豆蔻的风味主要来自有助于防止昆虫伤害的萜烯，包括木质、温暖、带有柑橘气味的桧烯，以及风味明媚且友好的 α-蒎烯和 β-蒎烯。肉豆蔻醚是一种独特的芳香成分，为肉豆蔻的香味带来温暖而略带甜味的木质香调。产自该物种的第二种香料是肉豆蔻种衣，即来自肉豆蔻种子的蕾丝花边状覆盖物，可以用在某些相同菜肴里，但它的芳香在某种程度上也更复杂一些。很多人已经注意到肉豆蔻似乎会影响情绪，有振奋精神的作用，但有些人认为大剂量使用会产生致幻效果。

对于生长着肉豆蔻的孤岛，独木舟可能是最早接近它们的远洋船只。它们会经过丰富的海洋生物，包括海龟、鲸，以及数量众多的珊瑚礁鱼类，而当温暖的雨水落在印度尼西亚班达群岛的 11 座小岛上时，驾驶独木舟的水手会感受到海风从头顶吹过。也许海风曾将高大常绿的肉豆蔻树的芳香吹到在清澈蔚蓝海水中捕鱼的当地人那里。接下来是阿拉伯商人，然后是葡萄牙人、英国人和荷兰人。发生在班达群岛的贸易故事说明各家公司为了垄断紧俏商品的贸易会做到哪种程度。麦哲伦葡萄牙舰队的船只在1521年抵达班达群岛，然后是建立了荷属东印度公司的荷兰商人，他们用残酷的手段控制了大部分生长着肉豆蔻树的岛屿。通过屠杀、驱逐和奴役，他们开始主宰这个群岛，把持了肉豆蔻、肉豆蔻种衣和丁子香的贸易。到17世纪时，只有一座岛屿未被荷兰人完全控制，即英国人占领之下的卢恩岛。然而，荷兰人在美洲殖民地拥有新阿姆斯特丹岛。用新阿姆斯特丹（后来改名为曼哈顿）交换对肉豆蔻贸易的彻底控制，附带在南美制糖业中分一杯羹，这对荷兰人和英国人而言都是可接受的条件，于是他们在1667年签订了《布雷达条约》（Treaty of Breda）。荷兰人在这些岛屿上建造了堡垒和贸易中心，控制贸易300多年，直到印度尼西亚在"二战"后为独立而战并获得胜利。

荷属东印度公司对香料产地的植物很感兴趣，例如可以治疗罕见热带疾病的药用植物，因为传统欧洲药物对这些疾病无能为力。植物学家格奥尔格·埃弗拉德·伦菲乌斯（Georg Everard Rumphius）是该公司的一名雇员，从1653年起到1702年去世，他一直在安汶岛上生活，并在那里以笔记和绘画的形式详细描述了当地植物。例如，他在描述肉豆蔻树时说它"拥有漂亮的形状和有光泽的叶片"，椭圆形果实令人联想到桃子。他提到当地男人用它帮助自己取悦女人，妓女也用它寻欢作乐，但伦菲乌斯也将它描述为一种情绪提升剂。伦菲乌斯的丰富著述已被汇编成一套附带精美插图的六卷本著作——《安汶植物志》(*The Ambonese Herbal*)，其中全面介绍了香料群岛的植物学、生态学和人类学状况。[2]

肉豆蔻花既产种子，也产覆盖种子的肉豆蔻种衣，其传粉由蓟马和小甲虫来完成，其中甲虫的传粉效率似乎最高。"甲虫媒"(cantharophily)这个术语的字面意思是"甲虫的爱"，而它特指甲虫在某些植物中的传粉过程。在有些人看来，最艳丽的甲虫媒植物是木兰与莲花，甲虫已经进化成了它们的主要传粉者。在甲虫传粉的过程中，香味可能是首先起作用的引诱物，其特征包括强烈的果味、发酵味和轻度辛辣味，并且带有铃兰的味道，但有些花会散发出腐烂或汗水的气味。一旦接近花朵，甲虫就会对颜色和形状信号做出反应，落在大而弯曲的花瓣中并寻找食物——花粉。一些甲虫传粉植物甚至能够在夜间加热花朵，吸引甲虫躲藏在花瓣里并让释放的香味更浓。因为很多甲虫不善于飞行，乐于待在自己降落的地方，所以它们会待在花朵内部进行其他生命活动，例如进食、排便和交配。对于它们的此类行为，有个专门的术语"混乱肮脏传粉者"(mess-and-soil pollinators)。这些常常多毛的甲虫会咀嚼花部，在交配时横冲直撞，有时会留下孵化中的幼虫，此类行为通常都会对花的内部造成混乱和破坏。

有时，甲虫会成为某些花有效且忠实的传粉者，但是当一只甲虫在各种花之间飞来飞去时，传粉常常是偶然发生的。一些甲虫传粉花扮演了最佳宿主的角色，不仅提供温暖和庇护，还进化出了特化组织专供甲虫食用，以免甲虫去吃花瓣。肉豆蔻属的一些成员——特别是淡味肉豆蔻（*Myristica insipida*）也可能包括肉豆蔻（*M. fragrans*，拥有近乎相同的花）——与其体型小巧的甲虫传粉者的关系略有不同。一些科学家将这种行为模式称为"微小甲虫媒"（microcantharophily），参与其中的甲虫似乎更守规矩一些。肉豆蔻花小而芬芳，簇生在一起，而不是像典型的甲虫传粉花那样大而艳丽。它们还会在夜晚开放，此时不一定有甲虫飞来飞去。然而到了黎明时分，甲虫会找到芳香的雄花，进食花粉，并将一些花粉粒采集到自己身上。它们的访花时间很短，而且活动仅限于吃花粉——不混乱也不会把花弄脏。雌花不提供花粉奖励，而是通过在气味和外观上模仿雄花来吸引身上有花粉的甲虫。[3]

丁子香*（*Syzygium aromaticum*）是一种可爱的常绿乔木，

---

* 该香料在中文中常称丁香，尽管真正的丁香其实是原产于欧亚大陆并常见于中国北方的一类春花观赏树种，与丁子香并无任何关系，本书最后一章还提到了此种丁香及其在香水中的应用。

用作香料的部位是它未开放的硬化花蕾，这种乔木的寿命可长达 150 年，每 4 年左右迎来一次丰收。丁子香的香气可能过于浓烈。它具有强烈的芳香和辛辣风味，并附带肉桂香味和一种干燥木质香调。丁子香酚为丁子香增添了药用和温热属性，并伴随花蕾的成熟而产生。丁子香的叶片也带芳香，可以从中提取精油，但属于次要产品，通常不采摘，因为这样做可能会减少花量。如果任其开花，花朵会呈深红色并拥有大量雄蕊。丁子香树对树枝折断和损伤很敏感，所以花蕾必须用灵巧的手指小心地采摘，再将它们放在阳光下晒干，以激发出其中的芳香成分。丁子香是非常有用的香料，香味浓郁且体积小，很可能曾经伴随众多商人旅行。而且在与阿拉伯贸易商一起进行陆路和海上旅行时，丁子香可能被多次转手，而这些阿拉伯商人对其来源守口如瓶。古埃及人就使用这种香料，公元前 200 年的中国人也有使用它的记录，十字军和古罗马人都是它的忠实爱好者。在印度尼西亚，用丁子香制成的丁子香烟很受欢迎，吸食时散发着丁子香的芬芳，噼啪作响地产生烟雾。丁子香曾被用来清新口气，还用于制作香水和熏香。[4]

麦哲伦差点抵达出产丁子香的蒂多雷岛，但中途在菲律宾被杀。他的船队启程时有五艘船，其中两艘抵达了蒂多雷岛，并在船舱里装了重量大到危险的丁子香。唯一返回西班牙的船只是胡安·塞巴斯蒂安·埃尔卡诺指挥的维多利亚号，他用带回的丁子香所获得的利润支付了远征开支，作为回报，他获得了终身养老金和一枚香料盾形纹章，上面有两根肉桂棒、三颗肉豆蔻和一打丁子香。葡萄牙人是不受欢迎的征服者，但紧随其后的荷兰人则更残酷无情。他们将蒂多雷岛和特尔纳特岛上的丁子香树一扫而光，全种到了安汶岛上，在那里他们可以控制价格和贸易商。如今，丁子香在印度尼西亚的其他地区，以及马达加斯加、印度、坦桑尼亚和巴西都有种植。

当我仔细阅读写有香料芳香成分清单的文献和书籍时，我发现的主要描述性词语是"辛辣"（spicy）。如果我在互联网上搜索"spicy"的定义，会找到 piquant（辛辣的）、fragrant（芳香的）、tangy（刺激性的）、peppery（胡椒味的）、hot（热辣的）、seasoned（调过味的）、pungent（刺激性的）、sharp（锐利的）和 flavorful（有滋味的）等同义词。在线韦氏词典中提到，"spicy"这个词首次使用是在 1562 年，并提醒我该词还有其他含义：活泼的、淫荡的、可耻的以及猥亵的。香料的英语单词"spice"来自拉丁语单词"species"，意为"种类"，法国人将它缩写为"espice"，后来在古英语中变成了"spice"。简单地将某种芳香（或者味道）称为辛辣的，并不能区分本章节中的香料，而其他描述性词语可以帮助对它们进行归类。请记住，香料和大多数芳香植物，产生并含有数百种挥发性化合物，其中一些可能是味道或芳香的主要贡献者，而许多其他化合物则充当微妙的修饰剂。厨师通常可以分辨这些区别，调香师也可以，所以我戴上自己的调香师帽，试着找出描述不同香料气味的方法。[5] 当你在嗅闻和描述时，并不存在正确答案，所以不妨花一点时间在你最喜欢的香料上，看看什么词会映入脑海。

除了辛辣，肉桂和丁子香还有温热和木质感，它们含有β-石竹烯——这种成分被描述为辛辣的、木质的和干燥的。在研磨肉桂和丁子香时，我发现肉桂中的干燥感伴随着清新木质香调的甜美且不复杂的芳香。丁子香的香味也很干，但其中有一点绿叶香调，这给它们带来一丝类似多梗香石竹在泥土中的香味。β-石竹烯在植物体内很有用，因为它会吸引瓢虫前来捕食可能啃吃美味叶片的蚜虫。它存在于各种香草和香料中，也是大麻中的萜烯之一。

肉豆蔻和肉豆蔻种衣有药物风味，并带有一丝甜味和花香。除了丁子香酚的肉桂香调，它们还含有增添花香清新香调的香叶醇，以及赋予其桉树或药物风味的桉树脑。当我磨碎一粒硕大的肉豆蔻种子时，我发现一开始最突出的是锐利感，但是如果再闻一会儿，锐利感之后是略带甜味的清新感。

丁子香酚存在于多种植物中，既能吸引昆虫又有驱虫效果，这取决于它出现在什么部位。果蝇特别喜欢这种分子：雄蝇会摄取含有丁子香酚的芳香物质，在体内加以修饰后用作信息素，因此有些花会产生丁子香酚来吸引果蝇充当传粉者。丁子香酚被储存在这种微小蝇类的直肠腺中，会在其体内加以处理然后释放以吸引雌蝇。

黑胡椒与其说是辛辣的，不如说是热辣的或刺激性的——这是胡椒碱带来的直接影响，但它也有来自蒎烯和柠檬烯的木质、柠檬和松树香调。当我找到一款上佳的黑胡椒精油时，它就像刚磨碎的胡椒粒一样，拥有由蒎烯和锐利的胡椒碱组成的转瞬即逝的前调，但也有一种优雅的木质尾调。

小豆蔻的气味复杂，其中含有的一点芳樟醇为药草气味增添了花香。磨碎新鲜的小豆蔻对我是个很大的启发，它向我展示了甜味和松节油味、柠檬味和花香，几乎只凭本身就可以生产香水。在我写下评价时，出现在脑海中的词语是复杂而锐利，空灵中带有某种类似珍贵皮革的东西，而且所有方面都完美平衡。芳樟醇拥有带木质尾调的花香，广泛存在于植物中，而且具有多种作用——它可以驱赶食草动物或者吸引它们的掠食者，但它也可能用在吸引蛾类访花的香气中。

新鲜生姜与我们在香料货架上找到的干姜粉完全不同。姜酚提供了新鲜生姜的独特香气和刺激的姜辣感。在干燥或加热时，姜酚可能转化为姜油酮，除了姜辣味，它还有甜而辛辣的香子兰气息。以这些分子的芳香为基础，来自香叶醇和芳樟醇的花香以及桉树脑的药材气味增添了更多细节。我的姜粉虽然有点老，但拥有我所期待的甜味和木质感。

番红花的花

05 番红花、香子兰和巧克力

作为珍贵香料的番红花呈深橙红色的细丝形态，它并不源自热带森林，而是来自温带地区的石质土壤，例如印度查谟和克什米尔邦的克什米尔山谷以及地中海盆地，在这些地方，番红花已经被人类种植了1000多年。秋天，小而深的淡紫色花朵从埋在土壤里的球根状球茎中长出，几片矛状叶子和一朵花直接从植株基部伸出来。长在娇嫩杯状花中央的三根深红色柱头是全世界最珍贵的香料。这种花就是番红花（*Crocus sativus*）*，它一度开满了克什米尔山谷——至少根据传说是这样的。某年秋天，当亚历山大大帝抵达克什米尔时，他命令军队在山谷里扎营过夜；当他们在第二天早上醒来时，发现自己被一片淡紫色花的海洋包围了。这些花还受到青铜时代古希腊人的深深迷恋，出现在雕塑和绘画作品中：或正在被

---

* 又称西红花或藏红花，藏红花这个名字如今最常见，尽管西藏并非这种植物的产地。

穿裙子的妇女采集或作为简单的花卉装饰。克里特岛米诺斯宫墙壁上的壁画描绘了公元前1700～前1600年的番红花采集者。

番红花是三倍体植物，这意味着它是不育的，需要通过分裂膨大地下茎（称为球茎）的方式进行营养繁殖。番红花可能源于其近缘物种卡莱番红花（*Crocus cartwrightianus*），但在某些时候，我们称卡莱番红花是番红花的突变形态，它有比番红花更长更明显的柱头。[1] 在颜色以及那深沉的带有泥土和麝香的风味方面，番红花是一种很独特的香料，作为添加到食物中的调味品在世界各地备受珍视，但也用在药物以及绘画和染料中。番红花带有少许青草、泥土、蜂蜜、甜美花香和苦涩风味，只需一点点就能赋予一餐美食别样的内涵。

用于生产香料的番红花在秋天开花，而不像很多人熟悉的花园番红花那样是春天降临的预兆。花朵需要手工采摘，柱头在花朵采摘后不久同样需要手工从花中分离，然后在阴凉处晾干，等待风味形成。番红花如今种植在伊朗、西班牙、印度、希腊、阿根廷和美国，超过7万朵花才能产出1磅干香料。这意味着番红花生产国可能生长着数百万棵小小的番红花植株。最古老的番红花种植区之一为克什米尔的古湖床，气候变化正在影响那里的降雨模式和每日气温，从而使这种珍贵香料的产量和质量受到影响。

虽然番红花不进行有性繁殖，但其特殊柱头的出现要归功于其传粉祖先。番红花属各物种的花在早春或秋季开放，此时的低气温和雨水对花和传粉者都构成了挑战，但是这些花自有其应对之道。它们开在纤细花梗上的钵状小花可以追踪阳光并将其向花内反射，从而提高花朵内部的温度；有些物种会闭合花瓣以保持水分并保护花粉。其他开红色、粉色、白色和紫色钵状花的地下芽植物（geophyte）也会使用这种策略，地下芽植物指的是拥有球根或球茎等地下结构的植物。它们通常起源于春秋两季寒冷或冷凉的气候区，如地中海、山地以及亚高山生境，除了番红花还包括银莲花、毛茛和报春花。此类花被称为微温室花（microgreenhouse flowers）：这些花的内表面反射率高，能够将热量储存在大且颜色深的性器官中，例如柱头和花柱。花的形状和颜色令它可以起到抛物面反射镜的作用并反射热能。和春季开花高峰期相比，在早春和秋季，潜在传粉者（少数独居蜂类和食蚜蝇类物种）的数量很少。在我看来，当萧瑟的秋季降临，成片开放且拥有深红色柱头的深紫色花将为寻觅好去处的漫游蜂类提供极具吸引力的视觉信号。这些花的加温措施也有利于花粉发育和花粉管的生长。[2]

为了使柱头呈现深橙红色，番红花类植物会产生名为类胡萝卜素的色素，这些色素可能会转化为芳香族化合物，包括香堇酮，这种物质拥有木质、堇菜和花香气味，是茶叶中的芳香成分，还出现在很多水果（包括葡萄和浆果）以及蔷薇、烟草和葡萄酒中。类胡萝卜素令番茄等植物呈现橙色和红色，而且可能会转化为维生素，包括维生素 A。番红花中的其他次生化合物包括用来呈现色彩的番红花素和番红花酸，提供味道的番红花苦甙，以及贡献芳香的番红花醛，它们都是类胡萝卜素在干燥和酶促反应下产生的。[3]晾干后，微小的柱头被仔细分拣，完好无损的柱头被包装好后摆放在高端零售店出售。一小部分收获的番红花用于生产一种用溶剂萃取的净油（absolute），它是华丽且独特的完美香水成分，番红花那类似干草的泥土气味在其中变得深沉并具有皮革香调，同时保留了特有的细微苦涩草药风味。这种净油被用来为香水增添皮革香调，并用在印度很多以花油为基础的香水中。

由于柱头的浓郁橙红色会在食物中变成深黄色，所以在英语中"番红花"（saffron）一词还被用来描述相同色调以及佛教僧侣长袍的颜色。实际上，考虑到番红花的高昂成本和僧侣的朴素本性，用来给僧侣长袍染色的染料更有可能是姜黄。番红花在有些中世纪欧洲手稿中用作颜料，以实现不那么昂贵的金箔效果，它的确会呈现一种灿烂的深黄色。在维多利亚·芬利（Victoria Finlay）关于色彩的美丽书籍中，她说将几缕番红花放在蛋清中浸泡一夜，蛋清的颜色会变得非常鲜亮，就像重新获得了蛋黄一样。中世纪修道院的富有赞助人常常捐赠物品以纪念自己，无论捐赠者本人当时在世还是过世。闻、看、触摸甚至吃掉捐赠物品都提醒僧侣为活着的或死去的捐赠者祈祷。番红花拥有醒目的颜色、奢华的香气和独特的味道，在多重感官上令人想起捐赠者。[4]

巧克力和香子兰[*]：在我们大多数人的脑海中这两者总是相伴出现。对于中美洲和墨西哥的早期居民而言，幸运的是香子兰和可可豆生长在那里，尽管它们并不相邻。取一些可可、一点香子兰，加入一些辣椒增添活力，再添加少许肉桂，你就会得到我最喜欢的巧克力组合。玛雅人和阿兹特克人完善了将巧克力与加入了香草和香料的香子兰混合的艺术，创造出一种有点苦的混合物；后来糖会加入其中，这主要归功于欧洲人。早在1500年前，玛雅人就已经开始捣碎和发酵熟化可可豆，将它们磨成粉并制成糊糊，再将其硬化成块状。使用时敲打硬块，将掉下来的碎屑加入热水中。或

---

[*]　香子兰的英文名是vanilla，在食品行业中常被称为香草，如香草口味冰激凌。这个名字容易和下文提到的包含多个物种的香草（herb）混淆，故本书在大部分情况下使用其更正式的名字香子兰。

者将磨碎的玉米、辣椒和香子兰加入这种名叫 xocoatl* 的饮品中献给阿兹特克人的神灵，这种饮品还被用来对抗疲劳。巧克力和香子兰都不生长在阿兹特克王室所在的较高且较干旱的栖息地，但巧克力当时至少是墨西哥东南部低地村庄的贸易商品。[5]

第一个品尝巧克力的欧洲人可能是西班牙征服者埃尔南·科尔特斯，他在 1519 年 11 月遇到了阿兹特克人的统治者蒙特祖马二世（Montezuma Ⅱ）。不久之后，由当地阿兹特克植物学家绘制的"黑花"（香子兰在当地的名字，拼作 tlilxochiti）图画出现在墨西哥城圣克鲁兹学院出版的《巴迪亚努斯草药书》（Badianus Codex）中。[6] 我们不知道是谁最先循着气味寻觅，赶走觅食的蚂蚁，找到了在中美洲的森林地面上变干的散发着甜香气味的香子兰荚果，但我们知道的是，香子兰很早就被认为是可可的完美搭档，而且香子兰荚果在15 世纪中期就被运送到了西班牙的某个地方。然后香子兰去了欧洲其他地区，绕了一圈才抵达新成立的美国。所以对于美国而言，香子兰不是从南边的邻国输入的，而是走了一段复杂的海外返程之旅。这些荚果很快就大受欢迎，美国国父之一的托马斯·杰斐逊（Thomas Jefferson）在法国时认识了

---

* 巧克力的英文名 chocolate 由此而来。

这种香料，并将它用在自己的香草冰激凌配方里。*

香子兰（*Vanilla* spp.）是一类兰花的果实。这些荚果细长且表面皱缩，是悬挂在森林地面上方的藤蔓开出的优雅兰花结出来的。对于很多人而言，"香草"这个词意味着平淡无奇，并不特别有趣。然而事实并非如此。如果你闻过高品质的荚果——经过良好的发酵熟化而且仍然有点弯曲，你就会知道它具有伴随甜味的泥土风味，并且搭配有幽暗的花香，比你香草冰激凌里的那些深色小点所展示的东西更复杂。如果有幸获得来自世界各地的香子兰，你可以体验到乌干达香子兰的泥土香调，或者来自塔希提的美妙杂交物种塔希提香子兰（*Vanilla* × *tahitensis*）的花香和复杂的天芥菜香调。来自墨西哥的晦涩香子兰（*V. pompona*）有葡萄酒味，味道深沉浓郁，因此和巧克力、肉桂以及咖啡味利口酒搭配起来效果很好。我们大多数人都更熟悉产自马达加斯加的"波旁香草"（Bourbon vanilla），即香子兰（*V. planifolia*），它的味道既像干草和红糖，又有奶油风味。

刚开始人类在墨西哥和中美洲采集香子兰，可能更多时候是从树林中采集成熟的香子兰荚果，而且采集者有可能将一些香子兰藤移到村庄周围种植。因为香子兰藤很容易进行

84

---

* 正如大部分香草口味的食品一样，这里的香草指的就是香子兰这种植物，尽管如今大部分食品中的香草口味都是通过人工合成的芳香物质实现的，见下文。

营养繁殖，基本操作是从藤蔓上切下枝条并放在一棵起支撑作用的树旁边，添加一点肥料再提供一些遮阴，所以在为商业作物引入新遗传基因方面，人们似乎做得很少。不同类型的选择育种可能有助于提高抗病性、增加产量，或者得到新品种。在这个物种数量过百的植物大家族中，似乎还能找到更多种类的香子兰。即便是在商业化物种香子兰（*Vanilla planifolia*）中，也有彩叶香子兰的存在，还有一个叶片像驴耳朵一样下垂的品种，名字就叫"oreja de burro"*。来自留尼汪岛的种子出产我们所说的波旁香草。香香子兰（*Vanilla odorata*）生长在拉丁美洲，其荚果有着美妙的香味，可以用来给朗姆酒调味。它也可能是塔希提香子兰的亲本之一。来自哥斯达黎加的一个新认定的物种被命名为 *V. sotoarenasii***，它的叶片较小且形状独特，果实带有果味融合扁桃仁的味道以及甘草风味。

兰花中的香子兰类群有一个古老的谱系，其中的物种生长在五大洲的热带森林中。[7]它们几乎都是藤本植物，有些能长得巨大，因为它们可以在整个森林中分枝和蔓延，爬上树木并在春天长出绿色、白色、黄色或紫色的硕大花朵。花瓣围绕性器官形成管状结构：雌性柱头和生产花粉的雄性花药生

---

*　西班牙语，意为驴耳朵。

**　无可用中文或英文名。

长在同一朵花内，但它们被名为蕊喙的膜隔开以防止自花受精。香子兰的祖先很可能来自墨西哥瓦哈卡州海拔 3000 英尺以下的半常绿森林。商用香子兰大部分种植在其原产地生境之外，由于没有本地传粉者，因此需要人类来完成这项任务，而传粉必须在黎明前后的几个小时内完成——最好是由手指小而灵活的人传粉，例如被奴役的年轻工人埃德蒙·阿尔比乌斯（Edmond Albius），1841 年，他在留尼汪岛发明了一种为香子兰花手工传粉的快速（或者说更快的）方法。在香子兰的原产地，当地传粉昆虫会进入花瓣形成的管状结构，在那里，它们会被管壁上的坚硬刚毛困住，这些刚毛令它们进来容易离开难。在挣扎着离开的过程中，蜂类会从花药上带走一部分花粉，然后带着它飞去下一朵花。到了下一朵花，它们又在挣扎过程中将身上的花粉留在雌性柱头上，从而完成异花受精。受粉后，果实需要大约 9 个月才能发育成熟，而且在荚果发酵熟化以产生独特的香味和味道成分香兰素时，必须对其加以保护。香子兰荚果一开始是绿色的，但在成熟时会开裂并变成棕色，变得富含油脂和一种凝胶状物质。落在地上的荚果自然发酵熟化，而且可能吸引各种昆虫，令昆虫纷纷前来的是香兰素的气味和荚果中被油脂覆盖的微小种子。

在成熟中的荚果内，酶促反应产生了香兰素，它提供了香子兰特有的风味和香味。荚果中存在一种名为葡萄糖香兰素

（glucovanillin）的无味化合物，而一种与其分开储存的酶负责将葡萄糖香兰素转化为香兰素。高浓度的香兰素对活细胞有毒性，因此不能积累，只能以更温良的形态储存起来，待到荚果成熟后再通过酶制造出来。随着荚果的死亡——无论是在自然过程中还是通过人为加热和化学变化，将酶和底物（葡萄糖香兰素）分隔的屏障打破，从而令二者接触。时间和热量负责接下来发生的事情。在商业化生产过程中，必须将荚果杀死，也许使用的是传统方式，将它们铺在阳光下或者放入热水中浸渍，也可以冷冻或者使用化学方法将其杀死。杀死荚果之后的步骤是"发汗"（sweating），这令荚果形成芳香物质。在某些传统方法中，被杀死的荚果会铺在深色毯子上晒太阳，入夜则用毯子包裹它们以吸收多余的水分。除了香兰素，成熟荚果中可能含有多达 250 种的芳香成分。天然香子兰产品来自全球数以万计小农户的辛勤劳作，他们努力地施肥、收获、熟成并打包荚果，卖给中间商，后者再将荚果转手给出口商，下一批接手的是批发商，然后是提取物或粉末生产商，最终抵达超市货架。小规模种植者需要手工为每个果实授粉（每天多达 3000 个），然后等待 9 个月直到果实成熟，同时守卫它们防止被盗，接下来仔细耐心地协助荚果熟成，呈现它们的味道和芳香。如今在我们的食物和饮料中，这些气味美妙的荚果对香草风味的贡献只占很小一部分，不到5%。大部分来自人工合成的香兰素。[8]

香兰素可以通过酵母发酵或者化学反应在实验室或反应釜中进行商业化生产。香兰素是最早合成的香味分子之一，当时是在实验室里用针叶树制造出来的。如今，我们仍然使用木浆行业的残留物制作香兰素，也可以使用稻子、某些针叶树和丁子香（具体而言使用的是丁子香中的丁子香酚）。由于香兰素是单一分子，它的复杂性和深度都不如来自植物且含有许多其他芳香成分的香子兰荚果，但是这在食物和气味的大规模生产中是个优点。香子兰荚果非常昂贵，而且像任何优质农产品一样，它们的品质因年份和风土而异。生产商或消费者可能并不想要复杂性，而是希望自己的香草饼干或高级香水的味道或气味在每次购买时都保持完全一致。成本和可复制性是产品成功的关键，而大规模生产的香兰素分子是供应香子兰芳香和风味的廉价主力军。另外，香子兰的种植规模根本不能满足对这种非常受欢迎的成分的需求。尽管"香草"是个看似普普通通的描述性词语，但香子兰荚果具有深度、丰富性和复杂性。对于许多厨师和调香师而言，对风土的反映以及在农民手中随着时间的增长而积累的复杂香气令它们物有所值。[9]

可可（*Theobroma cacao*）是众神的食物，来自墨西哥和中美洲的热带森林。虽然中美洲人喜欢把可可做成辛辣的味道，但欧洲人却发现了香子兰和可可的甜蜜搭配，堪称天作之合。虽然这两种植物都生长在潮湿的热带地区，但可可很可能起源于亚马孙盆地的某个地方，而且很可能在人类的帮助下向北传播到了墨西哥及其所在的中美洲，它在这些地方的栽培史超过 1500 年，甚至有可能长达 4000 年。和其他香料一样，可可种子很容易运输，所以也许在这两个地区之间存在正规化贸易之前，可可就已经随着美洲古人在两地之间移动。果实的美味芳香果肉也受到青睐并用于制作发酵饮料。这种矮小的乔木可以长到大约 26 英尺高，是低海拔热带雨林的林下组成部分，很适宜种植在更高的热带作物之间。粉白相间的花全年从树干上长出，这种特性称为老茎生花。这些花小而可爱，簇生成团，被各种昆虫造访但依赖微小的蠓虫传粉。并非所有的花都能成功受精，野外植株花的受精比例是 5%，但只有少数花受精就足够了，因为从花到果实的过程是一场巨变，需要树木投入大量资源。可可果是一种特别大的果实，长达 10 英寸，内含三四十粒种子，种子周围包裹着白色果肉。果肉很美味，对灵长类动物很有吸引力，例如西非的西部黑猩猩（*Pan troglodytes verus*）、墨西哥恰帕斯州的懒吼猴（*Alouatta pigra*）、巴西的金腹悬猴（*Sapajus xanthosternos*），还有人类。对于曾经在这些热带森林中漫游的已灭绝的巨型动物而言，如此大的果实是完美的尺寸，除了相比之下体型较小的人类和其他灵长类动物，部分巨型动物可能也在可可及其他大果植物的原始分布中发挥了重要作用。[10]

可可中存在可可碱和咖啡因，它们都是生物碱，一类为果实、种子、叶片或花增添苦味的化合物，并且很可能具有防御性。在咖啡和巧克力中，苦味种子被甜味果实包裹，引诱吃种子的动物享用果实但舍弃种子。吃可可果实的灵长类动物要么吐出种子，要么将它们完整咽下，无论哪种方式，都会让种子有机会发芽并长出新的可可树。如果种子被吞下，它就搭上了免费便车而且会在旅程终点得到优质的肥料——最好是在一个有利于长成全新可可树的地方。也许是在古老森林或者开阔次生林的漂亮林冠层下，甚至可能在一条小河的河道旁边。在西非的一项研究中，一位小种植园主知道他的部分可可树是由当地黑猩猩负责"种植"的。然而他却声称这些树是自己的，因为他负责照料它们，主要是维持林冠盖度和清理林下层。

让我们回到小小的蠓虫。是的，那些嗡嗡作响、令人恼火的咬人昆虫是可可树最成功的传粉者。除了需要吸血，雌性蠓虫还会访花以采集花粉，用这种富含蛋白质的食物作为含糖花蜜的补充。其他小飞虫也造访可可花，但只有蠓虫才与可可花的结构恰好匹配，能够一路穿过复杂的花心吸食花蜜，顺便将部分花粉弄到身上。当可可树开花时，蠓虫可能会循着淡淡的香味飞到花上。一旦抵达，它会降落在不育的退化雄蕊上。这些雄蕊是几根颜色鲜艳、纤细、垂直的结构体，它们像帐篷的支撑杆一样在顶部汇聚，形成一个狭窄的入口，大小正好适合蠓虫挤过去。当蠓虫在彩色线条和兜状花瓣的引导下爬向花心时，来自可育雄蕊的花粉粒会附着在它的身体上，待它离开并飞到下一朵可可花时，花粉粒就会被留在那里。这些微小的蠓虫，体长不到 1/1200 英寸，必须携带 35 个花粉粒（是的，有人数过）才能令可可花成功受精，发育出硕大的可可果实。[11]

由于可可花的开放时间只持续一两天，因此提供本地传粉者至关重要，而人们发现完成这项重要工作需要蠓虫——具体而言是咬人的蠓虫。与林下层干净整洁、没有其他植被的全日照单一栽培环境相比，蠓虫喜欢荫凉更多而且更杂乱的种植园，而且它们不会飞得很远。可截留水分的凤梨科植物和香蕉植物的茎为它们提供了理想的繁殖栖息地：凉爽遮阴，有腐烂的落叶以及高湿度局部区域。在加纳，科学家们发现小型可可种植园附近或内部存在的香蕉和大蕉植株为蠓虫提供了栖息地并增加了坐果数量。在景观包括蠓虫栖息地的农场和种植园中，蠓虫数量急剧增加，坐果数量也是如此——不过研究人员没有提到这些叮咬小昆虫对人类的滋扰。[12] 这些传粉昆虫可以帮助种植者维持或者建造支持它的栖息地，在知晓这一点之后，蠓虫就是为了增加收获而可以付出的小代价。作为全世界最重要的 13 种经济作物之一，可可和香子兰一样依赖小农户。超过 90% 的产量来自占地面积 7.5 英亩[*]及以下的小规模农场，这些小型农场由务农家庭经营，却在全世界占据着将近 2500 万英亩的土地。这意味着可可为全世界大约 1400 万人提供了某种形式的收入。

最近的研究为栖息在附近田野和林地中的某些鸟类找到了希望。一项针对越冬鸟类的研究发现了处于成功换羽不同阶段的娇小候鸟林柳莺（*Phylloscopus sibilatrix*）。这些鸟正在换羽，这一事实意味着可可田野及其附近森林为它们提供了充足的食物，让它们能够顺利度过长出新羽毛这一极其消耗能量的过程。[13] 然而，出现这个好消息的背景却是原始雨林因为生产可可而大规模丧失，以及一些重要鸟类群落成员的消失，例如吃昆虫、追踪蚂蚁和只在森林里生活的鸟类。

可可树的果实硕大，表面皱缩，呈椭圆形，包括种子、果肉和外壳。种子主要由脂肪（有用且深受喜爱的可可脂）组成，并含有可可碱等生物碱。近缘物种包括二色可可

---

[*]　1 英亩约等于 4047 平方米。

（*Theobroma bicolor*），其可可碱含量在果实外壳中最高，其次是花和叶片，而咖啡因主要在花和种子中；另一个物种狭叶可可（*T. angustifolium*），可在花中制造出浓度最高的可可碱。比咖啡因更重要的，至少对我们中的一些人来说更重要的，是在发酵、干燥和烘焙过程中发展出的风味。基因型、风土条件和发酵过程会产生不同的风味，但可可的风味可以分为两大类——大宗型（bulk，主要产自西非）和优质型或风味型（fine 或 flavor，主要产自拉丁美洲），后者有花果香味。优质型风味的前体可能在发酵过程中形成于果肉内并渗透进种子，为其添加芳樟醇、月桂烯和罗勒烯等成分，将花香和辛辣味覆盖于可可豆独特的巧克力风味之上。和香子兰一样，可可豆必须在死后才会产生其风味。发酵是在一系列不同酵母和细菌物种的作用下进行的：当微小的酵母细胞消化和发酵果肉时，可可豆会产生风味分子前体，这些分子会在烘焙时发生变化，从而产生浓郁而独特的巧克力风味。[14]

除了加工过程，品种和环境条件也会影响风味和品质。无论可可来自哪里，都可以分为三个主要植物种群：特立尼达（Trinitario）、福拉斯特洛（Forastero）和克利奥洛（Criollo）。克利奥洛是玛雅人在前哥伦布时代栽培的一个品种，含有果香和花香。福拉斯特洛来自更南边的亚马孙周边地区，通常被称为大宗巧克力（bulk chocolate）；它如今种植在非洲、中美洲和东南亚。尽管克利奥洛巧克力的质量被认为好于福拉斯特洛，但它的长势较弱，抗病性较差。第三个品种特立尼达是福拉斯特洛和克利奥洛的杂交种，它拥有细腻的香味，长势更强健。发酵成熟后的品尝测试表明，克利奥洛拥有复杂的花香、果香和木质香调，特立尼达可可果味更浓，更具绿叶气息，并带有木质香调，而福拉斯特洛则兼具花香和甜味。[15]

想象一个没有香料的世界，没有印度咖喱、辛辣中东烤肉串、中国五香粉的复杂风味，也没有添加肉豆蔻和肉桂的家庭自制苹果派。再想象一个没有巧克力的世界，它是甜点的完美搭配，但是用在墨西哥莫利酱（moles）中会拥有另一个层次，而香子兰无疑增加了搭配这种酱料的甜点蛋奶冻馅饼（flan）的丰富性。这些香料将我们联系在一起，就像陆地和海上的商人将海洋和陆路贸易路线整合起来一样。无论是重新发现我们祖先的烹饪，和朋友分享食谱，还是探索融合菜肴，我们都在生活中品味香料。

PART 3

香味花园与芳香草本

　　我来自一个传承有序的园丁家族，并且希望有一天自己住的地方可以种下祖母种的那些芍药的后代，目前它们生长在我妹妹的花园里，而不是我在佛罗里达州的热带院子中。我如今住在美国南部，那里的花园令我着迷，每逢春天都会出现巨大的白色木兰花、乳白色栀子花，温暖潮湿的空气中弥漫着茉莉花的香味。这些白色花朵为其传粉者制造香味，这种香味也吸引我们；我们在身边布置这些植物，精心照料它们。香草是花园中的主力，当它们散布在地板上或者放进简单的花束中时，会给家中带来清新气味。在疾病和瘟疫时期，熟悉的薰衣草和迷迭香气味是穷人的脆弱屏障，被他们用来抵御席卷欧洲城市的致死瘟病瘴气。另外，财富和稀有的植物造就了花园和其中丰富的陈列——提供了一个休憩之地，一个让人暂时逃避俗世、"闻闻花香"的地方。花园意味着花，而花必须有它们的传粉者，无论是喜欢白花香味的飞蛾，还是在薰衣草和迷迭香之间飞来飞去的地中海蜜蜂。

一位科学家和一位人类学家在写作中探讨了开花植物的进化。科学家对它们的快速进化这一"可憎的谜团"表达了沮丧之情，而人类学家则写到改变世界面貌的昆虫和植物的协同进化，这种携手共进的进化为我们带来了花。这位科学家是查尔斯·达尔文（Charles Darwin），他在给女婿兼科学家同行约瑟夫·胡克（Joseph Hooker）的一封信里说："出现在最近地质年代中，我们所能判断的所有高等植物的快速发展是一个可憎的谜团。"78 年后，人类学家洛伦·艾斯利（Loren Eiseley）发表了一篇漂亮的文章，题为《花如何改变世界》（How Flowers Changed the World），文章的最后一句是"花瓣的重量改变了世界的面貌并且令它为我们所有"。我们在看到一朵花时会露出微笑，无论它是一朵谦卑而欢快的雏菊，还是一朵拥有优雅造型和丰富色彩的高大鸢尾。就好像我们冥冥中知道如果没有花，我们就不会存在于世间。我们与花的关系源远流长，并且始于我们还没有成为人类之前：大约在 1.25 亿年前，第一朵小小的花从浅水中或潮湿热带森林中茂密的蕨类植物下面探出头来。直到此时，陆地植物都是通过风或水传粉的，使用可以被风带走的孢子（在蕨类中）或花粉粒，后者在极其微小的概率下降落到针叶树或银杏的雌球花中并完成传粉。此时的昆虫，包括可能在植物身上找到庇护所的甲虫和蝇类，它们会吃一些花粉或者黏性分泌物——如果碰巧能找到一些的话，或者只是爬来爬去，碰到什么就吃什么。如果这些昆虫协助植物传粉，那基本上只是偶然发生的。[1]

最古老的植物从海洋向陆地的移动开始于大约 4.16 亿年前的泥盆纪或稍早之前。它们是原始植物，其早期茎叶可以长到几英尺高。接下来出现的是针叶树、银杏、苏铁和蕨类，这些被归类为裸子植物，即种子裸露的植物。它们长得高大茂盛，形成了世界上第一批森林——担负着将二氧化碳转化为氧气的重要任务并养育出体型巨大的昆虫。这些原始森林提供了后来以煤炭和石油的形式被我们开采的大量碳沉积物。随着裸子植物的繁殖，它们为昆虫以及种类越来越多样的陆地动物（包括恐龙）提供食物。在两亿多年后的侏罗纪时期之后，或许在白垩纪的某个时候，植物开始转变形态和习性，吸引和奖励传粉者，并保护自己的种子。这是动物多样性越来越丰富的时期，出现了最早的哺乳动物和鸟类，以及许多昆虫类群。蝴蝶、蚂蚁、蚱蜢和第一种真社会性蜂类都出现在白垩纪化石记录中，与它们一同出现的是第一批开花植物，即被子植物（angiosperms）——用名为"心皮"的覆盖结构保护种子的植物——angio 意为容器，sperm 意为种子。伴随着这些新类型的种子，一种原始的花出现了，它也许来自绿色茎秆末端的轮生叶片，这些叶片是专门保护植物繁殖部位的。更大、更鲜艳和更多样的花以及带有心皮的种子的进化令被子植物获得了巨大的成功。

开花植物以极快的速度（按照地质年代的标准）繁殖和多样化，导致了常常被人提起的达尔文面对可恶的被子植物分化之谜时的挫败感。达尔文倾向于相信进化的步伐是有序和稳重的，并且在自己的研究中找到了重要证据，坚持认为"自然不会创造飞跃"。但是开花植物并没有遵循这种预期的庄重轨迹，反而急速飞跃并将其美丽传播到世界各地。达尔文最终提出了两个理论：第一，的确存在符合自己理论的稳健且缓慢的开花植物进化，只不过这场秘密进化发生在某片隐秘的土地上，也许是一座岛屿或者失落的大陆，而且开花植物最终从这里逃脱到了外界；第二，传粉昆虫和花之间潜在的协同关系不仅推动了花的进化，也推动了传粉昆虫的进化。和第一个理论相比，科学已经看到了更多第二个理论的证据。第一种开花植物一旦出现，不久之后（按照地质年代的标准），花就开始变得艳丽起来，呈现各种颜色并提供花粉作为奖励。这意味着 ₉₆ 植物必须产生足够多的花粉和其他奖励，以确保有足够多的补给用于繁殖和吸引传粉者。随着花越来越大，植物可以将更多"内容"塞进花中，比如产生花蜜的组织和带有花粉的花药。花蜜、花粉和香味吸引了会飞的传粉者，而昆虫和花之间的这种合作关系导致了花的进化，从而迅速（至少按地质年代的标准而言）改变了世界，而且将世界改变得很彻底，这完全是因为受到保护的小小种子和造访花朵的传粉者。

最后，从禾草中简单的风媒传粉，到某些兰花与其传粉者之间亲密且特化的关系，开花植物所取得的成就是能够使用多种繁殖策略。与某些更古老的植物类群相比，小型一年生植物可以更快地生长并侵殖新领土，充分利用广阔的土地。种子此时被覆盖物保护，而且有糖类和淀粉储备，这些条件令幼苗在地球上有了一个良好的开端，并且能够吸引动物传播种子。有些植物在花中发育出接受花粉的长花柱，以减少自花受精的可能性并增加异交概率。出现了名为"蜜腺"的花蜜分泌结构，起到的作用是吸引传粉者，以及分散其他昆虫的注意力以免它们吃掉植物的重要部位。花的形状变得多样化，从通用型传粉者钵状的欢迎中心到操纵各类传粉者并将其引导至繁殖器官的特定形状，应有尽有。昆虫也做出了回应，于是世界上出现了更多飞行传粉者，包括蜂类、蝇类、翩翩飞舞的蝴蝶和拥有长喙的飞蛾。[2]

花如今会产生一系列芳香挥发物来吸引传粉者，叶和花也会通过释放化合物来抵御被吃和病害，而且植物还会使用这些芳香挥发物相互发送信号。从根到种子再到花，植物的所有器官都可能含有并释放挥发物，但花所释放挥发物的数量和多样性都首屈一指。正如我们将在下文中看到的那样，它们可能会根据环境、传粉者可用性以及花的衰老程度而改变其香味。气味可能因花的结构（花瓣、性器官、花蜜和花萼）而异，甚至在一枚花瓣的不同部位都有差异。一些花使用的是通用策略，拥有简单的形状和友好的混合芳香，但另一些花则操纵花朵形状、香味类型、芳香时间和香味部位，从而指定特定类型的传粉者，获得增加繁殖和异交的优势。植物可以在其组织中制造并保持一定程度的挥发性有机化合物，这些有机化合物通常可抵御疾病和食草动物，但也可以根据需要生产或增加同样或专门的成分以抵御特定的威胁。如今，世界上很少有不被开花植物占据的生境，而被子植物占所有陆地植物物种的大约90%。[3]

当花出现时，距离我们人类的出现甚至还遥遥无期，那么花的进化和我们有什么关系呢？正是花制造的营养丰富的种子喂养了当时的小型哺乳动物，使它们能够在包括恐龙灭绝在内的全球变化面前繁荣发展。在那之前，哺乳动物很小而且无足轻重，以昆虫为食并在白天躲藏起来，但是如今它们可以从森林的阴影中走出来，长出用来咀嚼的牙齿，令它们能够吃掉坚韧的开花植物和种子。摆脱可怕的恐龙大概还不足以让哺乳动物进化和扩张：新的植物性食物帮助哺乳动物实现了多样化，起到相同作用的还有此时出现和扩张、充分利用新食物的昆虫传粉者。敏捷的食虫哺乳动物已经准备好从隐匿处出来，好好利用这些飞行食物包。各种各样的哺乳动物涌现，最终灵长类动物催生出了在大约200万年前走出非洲的早期人类。

我们珍视鲜花，只是因为它们为生活增添了新的东西。而且我们视花如命。作为没有商业的美和没有收益的安慰，给坟墓献花是一种古老的做法，即使采集它们的行为剥夺了维持生命的关键活动。早至13700～11700年前，在以色列迦密山的芮克菲洞穴（Raqcfet Cave）中，四名纳图夫人被安葬在用鲜花铺垫的坟墓中。鼠尾草、薄荷和金鱼草被带入坟墓，它们在骸骨下面和周围留下了花和茎的精致印记。[4]在伊拉克北部的商尼达洞穴（Shanidar Cave）中，尼安德特人骨头旁边发现了花粉，并被认为是仪式性埋葬的证据。但是沙鼠之类的哺乳动物也生活在这样的洞穴中，它们会采集鲜花并将其拖入洞穴，留下花粉，这导致科学家们质疑这些花粉的来源。科学家对商尼达洞穴进行了重新研究，似乎收集到了关于此类洞穴中仪式性埋葬的更多证据，无论有没有用到花。我们对花的欣赏随着时间的推移而延续，鲜花不仅在悲伤时刻带给我们平静，还用来庆祝几乎任何场合——而且它已经被大规模商业化。我们用辛苦挣来的钱购买种子和植物，用周末的时间照料花圃，而且我们希望用一些花装饰我们的餐桌。也许我们只是在去野外徒步时采集鲜花然后放进花瓶里，直到它们下垂和枯萎，或者作为对简单行为和精巧花瓣的一种认可，将鲜花送给所爱的人。

郊狼烟草的花和烟草天蛾

06 花 园

我们不知道人们是从什么时候开始带着目的播种或移植第一批植物的，也不知道是谁建造了第一座花园，但我们知道人类拥有花园的历史长达数千年。根据常识和历史记录，它们可以用来种植食物和药物，以及提供宗教象征和宁静休憩之所。在某个时刻，人类开始在我们的花园里驯化、栽培和繁育花卉。但是什么定义了花园，它们可能起源于哪里？我们已经看到，对于生活在印度西高止山脉的人而言，在自己家附近种几株黑胡椒藤，或者对于早期中美洲人而言将一两株香子兰藤从雨林里移栽到更容易前往的附近某棵树旁，是多么容易。早至4500年前，亚马孙东部的居民就在选择可食用的森林物种，有选择地砍伐森林以栽培作物，并使用受控火灾刺激这些物种在他们的森林中生长。[1]即使在今天，亚马孙东部森林中的可食用植物物种也很丰富。森林空地、宁静的山坡或者鲜花盛开的草地可能启发了早期花园的建设；也许正好有一根倒下的原木可以方便地转移到风景优美的地方，让当地人坐下来享受宁静的景色，而一些球根植物被移栽到附近阳光充足的地方。但是花园何时成为花园？也许这并不重要，我们承认"花园"就在观看者的眼中；而对于花园意味着什么，同时作为观看者和园丁的我有一个模糊的定义。我想到了一位邻居由于意外创造的野花草坪，由于割草不频繁且缺乏照料，小小的杂草从坚硬的草坪中长出并开花。在我们聊天时，我谈到自己有多喜欢他的院子，满怀欣喜地看着蝴蝶和蜜蜂聚集在杂草开的花上。另外，在我们家，我们舍弃了草坪，一心照料我们的木质花园，里面有开花乔木、本土灌木和西番莲藤蔓，为饥饿的毛毛虫提供食物。黄条袖蝶（*Heliconius charithonia*）毛毛虫会将藤蔓啃得光秃秃的，然后长成好像异形的蛹，从而变化为更优雅的蝴蝶，在我们位于佛罗里达州南部的院子里，一到晚上这种蝴蝶就栖息在棕榈树下。当半打或更多蝴蝶找到适合悬挂自己身体的完美小枝，在太阳即将落下之时，我们就会发现一张一合的翅膀。偶尔会出现仿佛以慢动作进行的打斗，伴随着拍打个不停的脆弱翅膀，直到入夜之后一切都安静下来。

也许第一批花园是未经建造的，是个人化的。如今我们从当地大盒子形状的商店里购买和其他所有人完全一样的植物，而当时的家庭、家族和村庄则会使用原始的岩石或荆棘篱笆甚至是一些紧密地种植在一起的细长柳树，隔离出并保护一小片区域。他们选择有用的食用或药用植物，这些植物很容易从附近的树林和田野移植过来。他们咨询邻居，并分享自己的知识和收获。几乎可以肯定的是，他们也种了漂亮的花，或许只是为了给它们提供快乐和美，以及为了与朋友和邻居分享。家庭花园是为家庭创造的私密空间，常常提供作为补充的食物和药物。这是最古老、最悠久的栽培形式之一，而且几乎总是由家庭中的女性来管理和建造。即使在今天，这些活动仍然在支持当地的植物类型，例如为地区食物提供灵感，并且还可能代表独特遗传类型的传统植物。花园是有生命的，它们并非永恒，需要人的照料，长期以来，从最简朴住宅的门前庭院到修道院和宫殿，都能找到它们的身影，从实用的厨房花园到为了娱乐和避难建造的花园，再到为了展示权力和财富而精心打造的围墙花园，花园的目的都反映在它的结构上。无论它们采用什么形式，我们都能在大大小小的花园中看到一些共同点。它们通常被围合封闭：想想中世纪时期保护芳香蔷薇并留住香味的篱笆围栏，宫殿花园周围用来阻挡痞子流氓的宏伟栅栏，还有竖立在城市社区花园边缘用来支撑菜豆的脆弱铁丝网。

　　每座花园的下面都有泥土。老普林尼在他的著作《博物志》(*Natural History*) 中提醒我们，"确实，真正的蔷薇，其品质在很大程度上归功于土壤的性质"。我们重视而且有时会照料我们花园里的土壤，但很可能并不会对此过多考虑。然而，在印度一个名为卡瑙杰的地方，人们认为土壤的气味是一种可以和最好的蔷薇或茉莉相媲美的香气，他们称之为"mitti attar"，意即泥土之香。在旱季，该地的土壤会吸收植物分泌的微小气味分子。干燥会一层一层地将这些分子吸收，而热量则在芳香中对它们进行烘焙。季风乘着一股湿气如期而至，释放出烘焙芳香物质的气味，这种香气名为"潮土油"（petrichor）*。但是卡瑙杰的精油蒸馏师不会等待季风；他们想要在雨水到来之前捕捉到这种气味。就像从前的一代代家庭做过的那样，他们收集土壤，将其制成圆盘形并晒干，然后放入传统蒸馏装置中（称为"deg bapka"）。这些蒸馏装置很古老，由铜和竹子制成，放置在砖砌的炉子上。土壤圆盘中的精油被提取出米，通过一根竹管输送到含有檀香油的接收器（bapka）中，并在低于铜制蒸馏器（deg）的水槽中用水冷却。蒸馏产生的多余水分从接收器底部排出（因为精油漂浮在水面上），留下芬芳的、带有泥土香味的檀香油。将这种油转移到名为"kuppis"的皮革容器中，将其密封在其中静置，蒸发掉剩余的水分，令其绽放出浓郁、肥沃的泥土

---

* 久旱以后的第一场雨带来的气息。

之香。[2]

　　埃及人和波斯人都是沙漠民族，他们看重有围墙的花园，因为这些花园有退隐静居的美感。埃及坟墓的墙壁上描绘了苗床中的香草、提供遮阴的棕榈和石榴树，以及长着标志性睡莲的池塘。颜色鲜艳的罂粟和矢车菊提供了红色和蓝色，其间点缀着茄参的黄色果实，最后还有纸莎草作为补充。波斯花园被起保护作用的墙壁围合，里面有潺潺流水声、长满水果的树木、散发香味的开花植物，以及若干荫凉之处。在花园的整体布局上，以直角相交的水道将这个封闭空间分割成宽大的矩形水池、便于灌溉的下沉花坛，以及柏树或杨树排列成行的庭院。由扁桃、杏、李、梨、石榴和野樱桃组成的果树林里的树木也在花园里绽放花朵。花园里栽培着蔷薇、茉莉、银莲花、郁金香、鸢尾和堇菜等花，柑橘树之间还生长着香草。波斯干旱地区的花园和农业得到了坎儿井灌溉系统的支持，该系统是在冲击含水层中挖掘出来并运送水的地下隧道，如今已被联合国教科文组织认定为世界遗产。奥斯曼人拥有丰富的花园文化，他们种植郁金香、风信子和鸢尾并将它们出口到欧洲。波斯花园为美丽而复杂的羊毛地毯图案提供了灵感，这些地毯上画满了风格化的花草树木。沿着这个思路，人们最终建造出了形式更复杂的优美浪漫的建筑，例如莫卧儿帝国皇帝沙贾汗为了纪念其最喜欢的妻子穆塔兹·玛哈尔（Mumtaz Mahal）皇后而建造的泰姬陵，以及伊朗设拉子城莫萨拉花园中纪念波斯诗人哈菲兹（Hafez）的墓园。[3]

中国花园是诗歌、书法、山水画和园林艺术不可分割的一部分。它们通常被设计成类似卷轴的形式，徐徐展开供人欣赏，并以不寻常的岩石造景为标志。兰花、竹子、菊花和梅花分别代表春夏秋冬四季，以及优雅、坚忍、高贵和忍耐的品格。牡丹拥有完美的花朵，被认为是百花之王，栽培历史可追溯至公元前3世纪，而莲花出淤泥而不染，在清水之上开出优雅的花朵。

相比之下，在16～17世纪的某个时候，大多数日本花园开始专注于一种朴素的禅宗审美，以配合他们的茶道。花卉更有可能出现在内敛的室内花道布置中，而花园是为茶道仪式营造气氛。如果有脚踏石的话，它们的排列方式将控制一个人走向茶室时的步伐和方向。石头和一棵孤树（例如柳树或枫树）的作用不是分散注意力，而是邀请参与者调整自己的节奏，停下脚步抬头观看，细心品味这一刻。但是日本人也喜欢观赏大量樱花盛放的景观，千百年以来，这一直是日本各地家庭和人民庆祝的全民消遣方式。实际上，9世纪，宫廷女性会在赏樱时身穿颜色与樱花相配的和服。如今，前往日本的游客可以预订旅程前往各个风景秀丽的赏樱地，或许还能找到相匹配的衣服。

红蔷薇、香石竹、紫色风信子和万寿菊在中世纪的欧洲花园中盛开，而且可能和拥有羽状叶片的欧芹或者散发芬芳气味的薄荷种在一起。鼠尾草和百合、鸢尾和茴香、芸香和菊蒿的美丽花朵加入花园，在温暖的春日，墙壁会将它们的芬芳收纳在花园之内。百里香和罗勒等芳香草本植物与秸秆混合在一起，用来覆盖室内地板，当人们走在上面时就会散发香味。窗台上放有几盆薰衣草和迷迭香，而一点薄荷就能x给炖菜增添风味。或者也许可以用芸香（有时被称为优雅香草）将其几乎令人不快（有时甚至有毒）的锐利感和类似蓝纹奶酪的味道添加到门前小庭院里，无论是在其原产地地中海地区，还是在移栽到新大陆之后。鸢尾的根可以提供淀粉，还可以为洗涤后的衣物添加淡淡的香味，而菊蒿的黄花是治疗消化道寄生虫和疾病的重要药物。对于更富有的人而言，他们更大的花园布置得更有条理——当时高度细节化的木刻通常会展示某种篱笆和蔷薇，也许还有一位园丁斜倚着某种工具，以及坐在蔷薇之间的一位女士。花园常常以几何形状布置，有连接每个区域的小径以及一片草坪，草坪上也许还有一些可以让人坐下休息的凸起草皮或小土墩。

虽然欧洲人可能拥有自己的一小块土地，用来种植有用的植物，但是为各种药用植物提供家园的是通常与修道院有

香味花园与芳香草本　131

106

关的药剂师花园。出生于 1098 年的希尔德加德·冯·宾根（Hildegard von Bingen）是一间德国女修道院的院长，她在创作音乐和研究数学的同时记录了花园中的药草——这是欧洲草药知识的早期来源。在度过了丰富多产的一生，拜访其他修道院、写作、作曲，并在美妙的融合联觉中创作艺术，她于 1179 年去世。2012 年，在一封敕封她为教会博士的宗座牧函中，教皇本笃十六世（Pope Benedict XVI）提到圣希尔德加德"在圣洁的气味中死去"，承认了气味和圣洁之间的关系。一段时间之后，在世界另一端的美洲，西班牙探险家发现了 14 世纪某个时候阿兹特克人在墨西哥城周围建造的漂浮花园。这些花园沿着城市边缘按照线性模式建造在高苗床上，甚至作为漂浮岛或凸岛建造在湖中，并为富人生产香草、药用植物、各种蔬菜和花卉。[4] 可追溯到西班牙征服时期的两部作品《佛罗伦萨草药书》（*Florentine Codex*）和《巴迪亚努斯草药书》描述了当地的药用草本植物，并以美丽生动的插图描绘了植物的形象和生长习性。

随着欧洲进入文艺复兴时期，花园的目的不再仅仅提供简单的食物和药草，变成了避难所和展示植物的场所。富人可以离开瘟疫肆虐的城市，在鲜花、草坪和流动的水中找到秩序、和平与美。芳香还是很多设计的内在部分，因为令人愉悦的香味被认为是一种对抗疾病的恶臭气味的良好力量。这些花园有精心安排的布局，设置了绿色的草坪、雕塑和喷泉、墙壁，甚至可能还有一两只温顺的兔子。不同寻常的芳香植物从异国他乡传入，成为花园中最受喜爱的新宠，如晚香玉和香叶天竺葵。在大约16世纪的某个时候，新的植物开始同时从东方和美洲进入欧洲，激发园丁的灵感。来自美洲的探险家送来了马铃薯、番茄、向日葵、旱金莲和烟草，而土耳其的探险家则送来了风信子和郁金香的绚丽花朵。

到17世纪时，法国和意大利的规则式花园都带有小径和结纹（knot）*，以及被修剪成各式各样造型的，可以从上面踩踏和从旁边擦身而过的草本植物，这些植物可能是堇菜、草莓、野百里香或水薄荷。和大多数早期花园一样，贵族和富人规划和享受的规则式花园是围合起来的，但这些墙是为了将其他人隔绝在外。一些花园以当时的风格装饰，包括使用石窟和废墟以营造古希腊和古罗马的氛围，此外还有喷泉、迷宫和有造型的树篱令它们变得可预测、规则、整洁，非常适合与朋友和同伴聚会。在意大利小城博马尔佐（Bomarzo）附近坐落着极不寻常的怪物花园（Sacro Bosco，建造于1552年），启发它的是炫耀之心还是悲伤之情？与传统的意大利文艺复兴式花园截然不同，它基本上保持着自然状态，蜿蜒

---

* 结纹指的是花园植物经过精心修剪形成的复杂而对称的几何图案。

的小径将来访者从一个惊喜带到另一个惊喜。花园里随处可见用石头雕刻的海怪、古怪的洞穴，以及打斗中的生物、地狱犬和巨人。这里有一颗巨大的头颅，它张开的嘴形成一个围合空间，人们可以在里面吃东西的同时又成为被"吃"的东西，并观看旁边的铭文，上面写着"所有理性离开"。花园的主人是博马尔佐公爵皮尔·弗朗切斯科·奥尔西尼（Pier Francesco Orsini），他曾在战争中看到自己的朋友被杀，自己也曾入狱成为囚犯，最终他离开战场回到了家乡；在被释放之后不久，他的妻子就去世了。花园从 19 世纪开始陷入年久失修的状态。1937 年，艺术家萨尔瓦多·达利（Salvador Dalí）拜访了杂草丛生的遗迹并爱上了它，以这些雕塑为灵感在这里制作了一部短片。自修复并归私人所有后，这座花园如今是很受欢迎的旅游景点。⁵

太阳王路易十四以非常传统和风格化的方式设计了凡尔赛宫的花园，长达 1 英里的主干道将水景和林地景观分隔开来。但他的景观设计师也插入了令人惊喜的小径和阴凉的小树林，与风格化的小巷及阳光照射的空间形成对比。在接下来的一个世纪里，欧洲花园从严格风格化且与世隔绝的设计转变为更加外向和自然的设计。栅栏被简化到最低限度，而像界沟和鹿墙（哈哈墙，ha-has）这样的结构是用来阻挡牲畜的（而不是闯入者），并且实现了和外部景观更加无缝的过渡。格特鲁德·杰基尔（Gertrude Jekyll）是一位多产的作家、画家和园艺师，在19世纪建造了400多个花园。她与英国建筑师埃德温·路特恩斯（Edwin Lutyens）的合作在工艺美术运动中具有很大影响力。杰基尔受画家J. M. W. 特纳（J. M. W. Turner）的影响，着眼于色彩设计，她会将白色和蓝色等冷色调与红色和橙色等暖色调形成对比，并以草本花境闻名。顺带一提，她的兄弟是罗伯特·路易斯·史蒂文森（Robert Louis Stevenson）的朋友，而史蒂文森在他的小说《化身博士》（*Dr. Jekyll and Mr. Hyde*）里使用了杰基尔这个姓氏。[6]

城市花园已经伴随我们存在了很长时间，城市花园和花园之间的区别会变得模糊，也许在某种程度上取决于主观判断，但是有些东西值得一提。阿兹特克人在特诺奇蒂特兰城（Tenochtitlan）建造了著名的漂浮花园，为城市提供粮食保障，但也种植花卉和香草。日本在种植和栽培樱花方面有着悠久的历史，每年春天都会在全国各地的城市庆祝樱花的盛开。众多当地人和游客徜徉在花丛中，并带上野外午餐进行社交。城市是食物荒漠，而这里的居民正在重新发现建造花园从而为当地人提供食物和鲜花的力量，学校花园正在帮助孩子们学习园艺技术，收获自己播种的东西。植物园是我旅行时最喜欢去的地方之一，它是在城市中建造的，而且作为

109

香味花园与芳香草本　　**135**

教学工具与大学密切相关。1545 年，第一座植物园诞生于意大利的帕多瓦，然后到 1621 年，莱顿、莱比锡、海德堡和牛津都有了自己的植物园。新加坡人加大了对星耀樟宜机场城市花园的投入力度，他们为旅客打造了一系列花园，其中有森林漫步小道和丰富的鲜花，甚至还有瀑布。

植物交换是东西方之间贸易以及亚历山大大帝、伊斯兰战士、成吉思汗和十字军等征服者征战的副产品。但植物猎手则有些不同，他们专门被派去搜寻各种植物：18 世纪和 19 世纪的欧洲植物猎手为他们的资助者寻找有趣且不一样——但也同样有利可图——的植物。他们带回了来自非洲南部的香叶天竺葵、来自美国西部的大型针叶树，以及来自日本的杜鹃和映山红。对于专门为了带回不寻常的芳香植物的探索和旅行，我们必须从古埃及法老哈特谢普苏特女王开始，她可以被称为最早的植物猎手，因为她组织了传奇的蓬特之地远征，去寻找芳香植物。她的船带着熏香之树（可能是乳香和没药）返回，船上还有黄金和其他贸易商品。另一位古埃及统治者图特摩斯三世（Thutmose III）在对亚洲各地的探险中收集了各种植物，并用它们的形象装饰卡纳克神庙建筑群中神圣且具有象征意义的植物园般的房间。

往后再推 3000 年，植物猎手将来自世界各地的植物带到皇家邱园，或者带给欧洲苗圃并出售给当地富人。17世纪初，博物学家约翰·特拉德斯坎特（John Tradescant）为第一任索尔兹伯里伯爵工作，而当他开始在荷兰、比利时和法国寻觅郁金香、蔷薇和果树，他成了一名专职植物猎手。除了创建特拉德斯坎特珍奇馆（Tradescant's Ark of Curiosities，里面有一系列博物学藏品）外，他还在一座位于萨里郡的皇家宫殿担任"国王陛下的花园、藤蔓和蚕的守护人"。汉斯·斯隆爵士（Sir Hans Sloane）是一位植物学家，曾在伦敦城药剂师大厅（Apothecaries' Hall）和切尔西药草园（Chelsea Physic Garden）学习。他以医生的身份前往西印度群岛，在那里品尝了当地的巧克力饮料，觉得它很难喝。在尝试改进其口味时，他将牛奶和糖混入可可，创造出了汉斯·斯隆爵士的牛奶饮品巧克力（如今我们所说的热巧克力），该配方最终被巧克力公司吉百利买下。经过数十年的周游世界，一路收集了大约71000件物品之后，他将自己的收藏品和笔记捐给了英国，为自己的继承人换来2万英镑。1753年，英国议会接受了他的提议，开始建设大英博物馆并在1759年建成开放。约瑟夫·胡克爵士是一位了不起的旅行家，在19世纪中期造访了非洲、澳大利亚、新西兰、南美洲和印度。他从锡金采集的杜鹃花是花了很大代价得来的，他为此在高海拔的春季严酷天气下费力攀登，而这些杜鹃花的后代如今仍然生长在伦敦皇家植物园邱园的杜鹃谷（Rhododendron Dell）中，但一定要在春天去看，杜鹃花在这个季节开得最好。[7]

约瑟夫·班克斯爵士（Sir Joseph Banks）在 1768 ~ 1771 年与詹姆斯·库克船长一起旅行，带回了大约 3600 种干制植物，其中有 1400 种是西方科学界之前不认识的，但是由于在住宿和随行人员方面（包括两名法国圆号演奏者）提出了过分的要求，他被拒绝参加第二次航行。班克斯后来成为邱园的非官方园长，负责将植物探险家派遣到世界各地。其中一项植物探险任务是在布莱船长（Captain Bligh）领导下开展的，目的是搜集猴面包树以便转移到西印度群岛种植，这次航行导致了臭名昭著的英国皇家海军邦蒂号（Bounty）哗变事件。在被判决未有不当行为后，布莱又被派到塔希提，并带回了 349 个植物物种。在西半球，前往亚马孙的探险家发现了数千种植物，包括金鸡纳树——治疗疟疾的奎宁的来源植物。在新成立的美国，托马斯·杰斐逊是一位狂热的园丁，对园艺和农业都很有兴趣。他在花园小径种植了自己的最爱，这是他的宠物树，对此我完全理解。杰斐逊在 1804 年发起并资助了梅里韦瑟·刘易斯（Meriwether Lewis）和威廉·克拉克（William Clark）的远征，去更多地了解这个新国家的地理和植物状况。他们带回了大约 182 个植物物种，超过一半此前不为科学界所知，包括阿肯色蔷薇（*Rosa arkansana*），而且他们还在最艰苦的条件下撰写详细的日记，描述了本土的夸德瑞伍氏烟草（*Nicotiana quadrivalvis*）和一系列其他动植物。几十年之前，随着西方科学家发现了越来越多的新植物，卡尔·林奈（Carolus Linnaeus）承担了建立秩序的责任，他以性器官为基础提出了由属和种组成的精确双名命名法，从而在有组织的关系层次结构中唯一性地识别每个植物类群。他的分类体系已经扩展到所有已知生物，从而确定了其在生物界的位置。

在漫长且充满挑战的航行中，一项重要却看似微不足道的发明为探险家提供了维护和运送活体植物的方法。沃德箱（Wardian case）起源于 1833 年前后，它基本上是一个小型便携式温室，可以用来运输和维护较弱的植物。当时许多探险家的任务是从遥远的地方带回有趣的植物，而在许多年里，他们的采集对象都只限于种子和坚韧植物的插条。或者他们可以像大卫·费尔柴尔德（David Fairchild，他的姓氏被用来冠名迈阿密南部的费尔柴尔德热带植物园）那样，将插条（费尔柴尔德本人在骑着骡子从科西嘉的一座果园逃走时用的是香橼插条）插进马铃薯或苔藓以使它们活得更久。[8] 沃德博士（Dr. Ward）是一位蕨类爱好者，在伦敦寒冷且多雾的环境中，他很难在自己的假山上种植蕨类植物，直到他更仔细地研究了一项失败的实验。之前他曾经尝试在一个底部长出霉菌的瓶子里孵化一只天蛾幼虫。最终他没看到蛾子，而是看到一株蕨类从霉菌中长了出来，于是他判断蕨类植物要想生存，需要的是拥有可控热量和光照的潮湿环境。以这个概念为基础，他建造了供自己使用的小型温室，后来的沃德箱就是以这种温室为原型发明的，而植物学家在严酷海运条件下耗费数月将脆弱植物样本运回英国和欧洲大陆时所用的就是沃德箱。

现代植物猎手可能算是寻找植物药物或者不寻常物种的科学家，但我非常喜欢"德州月季盗贼"（Texas Rose Rustlers）的故事。20世纪80年代，一小群得克萨斯人发现很多看上去无人照料的月季在当地盛夏的酷暑中盛开和蔓延。他们尽可能地采折插条，开始复兴这些古董：它们最初是被人从欧洲带到美国南部的，并被种植在豪华古宅周围。这些散发美丽香味的月季曾被养育在当地花园中，直到一种新潮的杂交月季出现，令"古典月季"（old roses）沦落到无人照料的区域，在那里它们变成了被人们分享传递的植物，生长在简朴农舍和墓园里。德州月季盗贼对他们的事业充满热情，他们发现古典月季不需要杂交月季所需的灌溉和杀虫剂也能在自己的花园里茁壮生长。月季盗贼需要的装备是锋利的剪刀、大量驱蚊剂、一张诚实的脸、用几种语言说"别开枪"的能力、塑料袋以及使命感。但他们也被要求保证不擅自闯入别人的土地或者移走植物。[9]

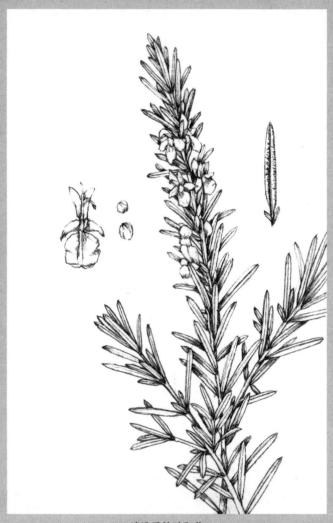

迷迭香的叶和花

07 芬芳花朵与芳香草本

纵观历史，无论是地中海青铜时代艺术中的番红花绘画，还是地毯和马赛克镶嵌画上高度风格化的波斯花园，人们通过艺术表达了对鲜花的喜爱。在岁月长河中，我们幸运地拥有莫奈的百合和凡·高的向日葵、阿兹特克人对当地重要花卉的生动描绘，以及鲁菲丝和许多其他才华横溢的植物画家的精细画作。但我最喜欢的艺术作品是一些中世纪的木刻版画，它们展示了不起眼的篱笆花园，花园里有蔷薇和照料它们的人。也许园艺活动本身就是在通过我们选择展示的花卉、色彩、形状和大小来反映艺术。在爱丽丝·沃克（Alice Walker）的著作《寻找我们母亲的花园》（*In Search of Our Mothers' Gardens*）中，她提到了自己母亲的园艺活动所体现的对美和自我表达的需要："对美的热爱和对力量的尊重是我在搜寻母亲花园时得到的遗产，在这份遗产的指导下，我找到了自己的花园。"她的母亲日复一日地在不属于自己的田野里劳作，但回到家却种下了令人眼花缭乱的开花植物，这是她的艺术表达。美国南方佃农和奴工的花园是生活必需、热情和辛勤劳作的产物，他们在这里弯下腰来，为自己的家种植和培育蔬菜和花朵。除了在其他人的田里干活，他们还抽时间从树林采集植物或者和邻居交换植物，用干草和粪制作堆肥，耕作土壤，照料幼苗并收获。附近的树林和水道提供了聚会场所、编织篮子的海藻和栎树、药物，甚至还为被子图案等实用视觉艺术提供灵感。他们彼此学习并从经验中总结，建造商品蔬菜园和花圃，种植生活必需的标志性南方蔬菜如秋葵、羽衣甘蓝、西瓜和甘薯，以及为生活增添美的花卉如矮牵牛、萱草、美人蕉、蔷薇、映山红、山茶和野忍冬。[1]

我们大多数人欣赏花园在视觉上带来的美，而且可能会加入一株芳香植物或者毛茸茸的植物，提供嗅觉和触觉上的趣味。对于视障人士以及其他有特殊需求的人，感官花园让来访者能够以自己的方式享受和体验鲜花、香草和蔬菜。这些花园可能专注于气味，但也可能强调声音、触觉和味道：它们常常被设计得方便轮椅出入，而且盲人也容易在其中辨别方向。来访者可以和气味芬芳的香叶天竺葵擦身而过，揉搓气味强烈的薄荷，或者行走在与光滑岩床交替的匍匐百里香上。夜花园是另一种类型，在那里，视觉减弱，香气和声音占据了上风。想象一下花园里的黄昏：也许它有围墙，空气静止，四周悄然。你开始沿着小路走，突然停下，往后退几步，然后仔细闻一闻。就是它！空气中飘荡着一股短暂的甜味，正是花香。你原地站立一会儿，环顾四周。在幽深的绿影中，你看到最后一束消逝中的光反射在零落的白色花朵、白色沙子以及在微风中簌簌作响的银色叶子上。你坐在为了方便欣赏鲜花而设置的长凳上，享受芬芳、独处和宁静的简单体验。但是如果你仔细听，你可以听到翅膀的飕飕声，如果仔细看，你可以看到像是蜂鸟的小生灵悬停在白色花朵上方。凑近观察，你会发现它不是蜂鸟，而是一只飞蛾：它是一只天蛾，是与蜂鸟极为相似的夜行性昆虫。这只蛾子也会循着白色花朵的气味，一边悬停在花朵前面，一边用长长的喙啜饮花蜜。在它喝花蜜时，毛茸茸的身体会从花中收集花粉，而当它去喝下一朵花的花蜜时，这些花粉会被留在那里。就像调香师会选择材料和比例来创造完美的搭配一样，白色花朵也会制造自己的"气味代码"并释放到夜晚的空气中，吸引带翅膀的传粉者。白色花朵几乎总是在夜间开放，包括一些标志性植物，如栀子花和木兰、长瓣紫罗兰和芳香的烟草、木曼陀罗和夜香木、晚香玉和茉莉花。

117

栀子花（*Gardenia jasminoides*）在英语中常常被简单地称为"栀子花"（gardenia），但也被称为"开普茉莉"（Cape jasmine），这是因为人们曾经把它的身份和起源地弄错——这种植物一开始被认为是茉莉的近亲，而且被认为来自非洲南部的开普半岛而不是它真正的原产地中国。栀子花因其硕大的花朵和浓郁的香味而被广泛种植和欣赏。在我看来，栀子花复杂而微妙的香味在美国南部古老的围墙花园中最为迷人，那里潮湿的夏季空气让这种香味愈加浓郁。有一天，在南卡罗来纳州查尔斯顿的一座带围墙的古老花园里，我正在一个角落闲逛，发现这里有一个正在喷水的喷泉、一把古旧的铁制长凳，还有一丛巨大的栀子花正在空气中散发芬芳。新开的纯白色花蕾和有些旧的象牙色花朵创造出恰到好处的芳香，弥漫在静止的空气中：我可以凑近一点，把鼻子埋进一朵花，或者退到长凳上，享受更加弥散和微妙的香气。我可以在文献中找到栀子花成分的清单，而且这张清单可能会因分析方法或花的类型而异，但书木上的文字无法捕捉栀子花开放时抛向空中的舞动分子。有些栀子花用浮现在黄油和乳制品香味表面的锐利而清新的绿叶香调以及若隐若现的吲哚类蘑菇气味强调自己的存在。有些栀子花会融入芳樟醇的甜美花香，以及萜烯带来的辛辣、木质和绿叶调芳香，水杨酸甲酯的薄荷气味，以及一点吲哚气味。由于它们是由飞蛾传粉的，所以香味在夜间最浓烈，但在清晨和傍晚也存在。伴随查尔斯顿阴云密布的天气，这些花可以让带围墙的小花园充满芬芳。

118

在美国爵士乐俱乐部烟雾缭绕、纸醉金迷的氛围中，栀子花也被派上用场，比莉·哈乐黛（Billie Holiday）就以在头发上佩戴一朵栀子花而闻名。

在我们深入研究烟草、飞蛾、狼蛛和蜂鸟迷人而复杂的世界之前，似乎有必要先花点时间谈谈植物执行生命必需功能所用的工具。繁殖是植物生命活动的主要功能之一，而植物必须在自己扎根之处完成繁殖，在此过程中，它们必须接触到将雄配子转移到雌配子的中间媒介。有些植物自体受精，例如黑胡椒，所以天气和风会起到很大作用：这些植物的花很小，对花蜜的投资很少。有些植物在这方面的投入稍大，但仍然使用风或水将花粉传递给同一物种的其他植株：在释放到风中的许多花粉粒中，有些可以令另一株植物受精，而且可能产生新的基因组合，提高物种的适应度。这些花也不显眼，但它们会产生数量惊人的花粉，任何患有花粉热或花粉过敏的人都会注意到。其他植物则在花朵中投入资源：它们提供报酬，例如可以被飞蛾用长长的喙吸食的花蜜，以及被蜜蜂或蝙蝠食用并粘在它们多毛身体上以便被携带到下一朵花的花粉。

有时植物和传粉者之间的关系变得如此特化，以至于我们可以预测每种花会吸引并且最适合哪种传粉者。[2] 自 20 世纪60年代以来，人们定义了植物的传粉综合征（pollinator syndromes），它详细说明了吸引特定传粉者的花色、花朵形状、花蜜量、花蜜浓度以及芳香混合物等指标的协调配合情况。科学家们现在提倡不完全依从这些分类，更多地将它们用作参考，但是任何园丁和徒步旅行者在尝试将传粉者与花相匹配的时候，都可以享受这份独特的户外体验。

我在前面描述了与肉豆蔻科植物相关的微小甲虫媒，即甲虫传粉，但是如果你将这个词中的微小（micro）去掉，甲虫媒（cantharophily）形容的是拥有硕大碗状花的木兰和莲花，这些花颜色浅，散发浓郁且常常带果味的芳香。体型较大而且不太讲究整洁的甲虫似乎会被这些花吸引。蜂类会被粉色—紫色—蓝色范围内的花吸引，但也会造访白花或黄花，而且这些花常常有蜜源标记——色彩对比明显而且可能反射紫外线的图案。蜂媒花（melittophilous flowers，字面意思是蜂类喜爱的花）具有甜美的香气，并为来访者提供适量花蜜。蝴蝶白天活动，在黄色、橙色、淡紫色或红色花朵中觅食，而且可能对蜜源标记和淡淡的香味做出反应。蝶媒花（psychophilous flowers）常常簇生且有长管状花冠，与蝴蝶盘绕的喙十分匹配，蝴蝶觅食时会将喙伸进花冠，探测隐藏的稀释花蜜。夜幕降临时，飞蛾出动，而它们依据觅食类型可以分成两种：着陆蛾与悬停蛾。这两种类型的飞蛾都为在黄昏和黎明之间开放且香味浓烈的花传粉，例如茉莉、烟草和栀子花。夜间开放的花颜色浅，一般呈白色、奶油色或淡绿色，而且它们气味浓郁，带有甜美芳香，管状花冠的末端有经过适度浓缩的花蜜。悬停蛾媒花（sphingophilous flowers）将它们的香味散发给有长喙的天蛾，当这种蛾悬停在花前时会将喙巧妙地插入长长的花蜜管中。着陆蛾媒花（phalaenophilous flowers）的花蜜管长度适中，由落在花瓣上的蛾类传粉，这些蛾类的喙在长度上与较短的花蜜管相互匹配。蝙蝠对夜间开花的蝙蝠媒植物（chiropterophilous plants，字面意思是蝙蝠喜爱的植物）的浅色花做出反应，例如许多沙漠仙人掌、芦荟和传奇的猴面包树。它们追寻某些花散发出的类似水果发酵或发霉的香味，或者通过对硕大花朵的回声定位来找到这些花。鸟媒（ornithophily）这个术语形容的是由鸟类进行的传粉，例如蜂鸟，但也包括向蜜鸟、太阳鸟和其他鸟类，它们喜欢红色和橙色花，而且这些花充满甜美花蜜的管状花冠较短，和这些鸟的喙匹配，但不一定有香味。红色是吸引蜂鸟的明确指标，这是我在内华达州南部沙漠进行野外调查时了解到的。当时我最喜欢穿一件白色 T 恤衫，它的前面印着一朵硕大的红色芙蓉花，总是会吸引黑颏北蜂鸟（*Archilochus alexandri*）的注意。它们飞过来并悬停在这朵假花前方，盘算着里面会不会有花蜜。

蝇类传粉被称为蝇媒（myophily），这个单词也可以用来描述呈白色或绿色并拥有温和香味的花。并不是所有的花都甜美可人，有些花进行腐生蝇媒（sapromyophily）。这些花常常很夸张，呈深红色或棕紫色，散发着腐肉或粪便的气味。全世界最大的花就使用这种臭气熏天的方法，它属于大王花属（*Rafflesia*），生长在菲律宾和印度尼西亚的森林底部并寄生在树根上。这种植物的花开在地面之上，非常大，并呈红棕色。寻觅腐肉的腐生传粉者如丽蝇进入雄花中的凹槽，拾取花粉，然后造访其他花，这就有可能降落在雌花上并使其受粉。[3]当然，还有非常臭的巨魔芋（*Amorphophallus titanum*），又名尸花，其巨大而难闻的花序里面有很多绝少开放的小花，总是令大量前往其所在植物园的游客惊叹于它们的尺寸和恶臭。

植物没有尖牙利爪，但它们找到了保护自己的其他方式：带刺的茎对某些植物有用，但更柔弱的叶子和花常常需要化学物质的帮助。这意味着很多植物变成了化学工厂，生产多种挥发性芳香物质以辅助繁殖和防御。人们已经在超过990个植物物种中（这些是科学家花时间分析过的物种）鉴定出了超过1700种的挥发性有机化合物，而它们是完成一些生命必要活动的工具。无论是释放到空气中还是积累在植物组织中，它们都具有防御性或者保护性，有时还具有吸引性，当然也具备交流作用，而且它们会通过与其他生物的互动来发挥这些作用，这些生物包括：传粉、有咀嚼式口器和令人厌烦的昆虫，哺乳动物和其他食草动物，微生物，以及邻近的植物。一天中的不同时间、季节甚至还有海拔高度都可能影响挥发性有机化合物的存在和释放，因此要想确定其用途，了解哪个组织正在产生分子是很重要的。

这些挥发物又被称为植物次生代谢物，因为它们实际上并不是生长、呼吸和繁殖等生命功能所必需的。它们可以产生并保留在植物组织中，以抵御食草动物、恶劣环境和／或病害的伤害，就像我们之前看到的在体内保留萜烯和倍半萜烯的檀香、沉香以及其他产生树脂的树木那样。叶片和茎的组织内也可能含有保护性化合物，但当自身受损时这些分子也能够被激活释放出来。这些分子被称为绿叶挥发物，任何修剪过草坪或者绿篱的人都熟悉它们的气味——它们提供植物被咀嚼式昆虫、食草哺乳动物、割草机或大剪刀伤害时释放的锐利绿叶气味。香料种子受到刺激性芳香族化合物的保护，而水果中的种子被芳香美味的果肉包裹，这些果肉令它们被动物吃掉，然后伴随动物粪便中的一点肥料散播。接下来是很多植物在它们的花中产生的化学物质，这些化学物质专门用于吸引传粉者并被释放到空气中。这些物质常常是萜烯，但是正如我们在栀子花中看到的那样，它们通常是各种挥发物的混合物，混合在花或者花的某些部位中。气味的配方、释

122

放的时机以及在花中的位置都是每一种植物进化出来的工具，用来吸引最适合自己的传粉者。因为这些分子的生产需要植物的投资，所以在很多花中也存在控制机制，用于微调配方、气味和时机，如果传粉者对香味没有反应，甚至可以缩减气味的生产。例如，蜂鸟没有嗅觉，只会对色彩和形状做出反应，这意味着如果一朵花试图用香味来吸引蜂鸟，那它就是在浪费宝贵的资源。[4]

对这些分子的生产过程进行编码的众多基因共同演绎了一场微妙的舞蹈，包括 DNA、酶和装配线，它们调整植物体内存在的前体分子并将其转化为吸引传粉者的气味分子。这场舞蹈可能涉及一天当中的时间、海拔、小气候、天气、地理变化，以及传粉者的类型。这些基因与自然选择有关，通常来自传粉者的行为，并进化为给我们提供芳香。芳香族化合物的效果可以通过从花的不同部位释放不同的成分来进一步调节。花瓣中的挥发物通常会散布到空气中，吸引正在搜寻花蜜或花粉的传粉者的注意。一旦传粉者接近花朵，它可能会发现花瓣上指明花蜜或花粉方向的色彩鲜艳的蜜源标记——鼓励或阻止传粉者的特定花朵形状，鼓励或阻止其探索的特定生长位置。花蜜或花粉有时具有独特的香味，可能还会增添明亮的黄色以吸引食用花粉的传粉者。一朵花受精后，它的香味可能会发生变化，告知传粉者它们的工作已经完成，应该转移到下一棵植株，或者同一棵植株上的另一朵已经开放但尚未受精的花。

在对鲜花难以捉摸的芳香成分进行鉴定的过程中，顶空分析技术的发展令科学家和调香师能够当场取一朵小花甚至是花的一部分，以确定其香味成分。花甚至植物常常会散发出数百种不同的芳香分子，人类的鼻子很快就会到达辨认能力的极限。科学家将使用一种小型容器，其内衬有可捕捉芳香分子的表面，他们小心地将一朵花或者一片有香味的叶子插入其中，所用的花或叶甚至可能仍然连接在植物上。然后可以洗脱捕获到的香味，接下来使用气相色谱仪（GC）进行分析，气相色谱仪会根据化学性质分离每个分子，再将它们传递到质谱仪（MS），质谱仪在名为气相色谱质谱的过程中识别这些分子，输出长长的成分清单。顶空分析技术令科学家能够深入研究花和植物的芳香化学，从而可以识别重要的单一气味成分。无论科学家寻找的是吸引飞蛾的混合物还是发出损伤信号的单一化合物，这些信息都会揭示植物散发的复杂而神秘的芳香。对烟草花进行这样的分析，得到的结果是一长串芳香族化合物，其中很多名字晦涩难懂，但普遍认为这是一种"白花"香味——花香甜美且浓郁。当然，任何把鼻子伸进烟草花中闻过的人都知道这一点。

土壤、昆虫、阳光、芳香和雨水在花园里发挥作用，为我们提供鲜花——花园里至高无上的荣耀，而我们则尽自己的一点力量去照料和驯服植物。作为植物的性器官，花有各种形状、大小和色彩；并不令人奇怪的是，艳丽的芙蓉和芳香的烟草用两种截然不同的方式来吸引不同的传粉者。烟草善于使用挥发物，可以使用各种芳香工具对传粉者和掠食者进行专家级的操控。拥有白色花朵的烟草是一种充满矛盾的植物。我们大多数人认为这种植物是令人上瘾且有害的物质尼古丁的来源，但烟草属（*Nicotiana*）包含大约 60 个物种，其中只有少数用于吸食。芳香花园的种植者熟悉花烟草，它们在夜间开花，是飞蛾的最爱。所有花烟草都有星形管状花，植株往往高大且蓬松，长期以来园丁用它让花园变得更雅致，它们还会散发出美妙的香味，并且会将香味散发到夜晚的空气中，抵达飞蛾的羽毛状触角。烟草属物种主要生长在南美洲和北美洲，不过在澳大利亚和一些南太平洋岛屿上也有分布。它们是茄科成员，各物种往往生长在温暖的生境。在热带气候区之外，大部分烟草属物种是一年生植物，每年冬天都会凋亡，第二年春天从种子或根系中重新萌发。在野生区域，它们出现在各种生境中，包括杂草丛生和受到扰动的地方。在白色管状花和花香的吸引之下，飞蛾、蜂类和蜂鸟为这种植物传粉，科学家研究了一种特定种类的飞蛾，以理解花与植物之间、传粉者与掠食者之间以及它们和将它们联系在一起的芳香之间的关系。

当科学家研究白花和蛾类之间的关系时，他们描述了此类依靠飞蛾进行传粉的花的一些特征。这些花通常颜色浅，花瓣深裂，在较暗叶子的衬托下具有更好的可视性；在花瓣后面是管状颈，适合飞蛾的长喙（或者说飞蛾的喙适合花的管状颈？）；它们含有经过稀释的花蜜，鼓励飞蛾访问一连串的花朵而不是访花一次就能喝饱；而它们甜美且常常复杂的浓郁花香会引起飞蛾触角的特殊反应。飞蛾的触角对飘来的芳香物质很敏感，而且它可能知道，某种特定的香味（花卉化合物的某种特定组合）将引导自己得到最喜欢的奖励。天蛾带着一系列先天反应来到这个世上，例如对野生烟草中芳樟醇的反应，而天蛾通过它们复杂的触角调整这些反应。天真的飞蛾最初的反应是简单地被分子吸引，然后通过经验和奖励调节自己的反应。就好像一开始是"噢，这味道挺好闻"，然后是"这种特殊的气味意味着一朵有奖励的花"。飞蛾认识不同混合物的能力是动态的、个体的，并由接触每种花的历史塑造。[5]在夜间飞行中，飞蛾学会专注于一朵花的气味，这朵花正准确放弃一点花蜜或花粉，以换取来自同一物种其他植株的花粉。这些花的整体设计使得飞蛾在从长长的花颈中采集花蜜时，毛茸茸的身体一定会沾上带有花粉的花药。在下一朵花上，飞蛾将采用同样的姿势再次饮用花蜜，并将花粉留在那里。

郊狼烟草（*Nicotiana attenuata*）生长在美国犹他州受火灾驱动的沙漠生态系统中，并由烟草天蛾属（*Manduca*）的天蛾传粉。对两者之间关系的深度研究已经进行了20多年，并提供了两个以尼古丁、香味和口臭为基础，关于吸引和驱赶的有趣故事。除了花，烟草植株的某些部位也会产生服务于各种目的的化学物质，而出现在叶片中的化学物质往往是保护性的，其作用是驱赶昆虫而不是吸引它们。作为一种生物碱而非挥发性化合物，尼古丁是一种生物杀虫剂，产生于植株的根部并分布在叶片和花蜜中，以防御毛毛虫和其他昆虫的伤害。在白天，咀嚼植物的昆虫更活跃，此时尼古丁在野生烟草中释放得最多。一些毛毛虫能够耐受极高水平的尼古丁，特别是天蛾科毛毛虫；它们可以进食烟草植株，并用体内的高尼古丁含量抵御掠食者的侵害。多年前，科学家曾研究以郊狼烟草为食的烟草天蛾（*Manduca sexta*）毛毛虫与其食谱中尼古丁的关系，以便理解尼古丁、毛毛虫和掠食者（一种狼蛛）之间的关系。毛毛虫没有将毒性剂量的尼古丁保存在消化道中，而是将其运输到它们的血淋巴——相当于昆虫的血液。在受到攻击时，这些毛毛虫通过使用气门（起鼻孔的作用，只是长在腹部）呼出少量尼古丁的方式击退蜘蛛的攻击。这样做似乎是有效的。通过一系列复杂的基因操作，科学家得以修改在毛毛虫消化道和血淋巴之间传输尼古丁的基因，从而将尼古丁保留在消化道中。夜晚，当狼蛛捕食猎物时，更多经过基因修改的毛毛虫消失了，这让科学家证实了毛毛虫呼出的尼古丁对蜘蛛有防御作用。该研究的作者将这种防御机制称为"富含尼古丁的口臭"。[6]

郊狼烟草拥有两种忠实的传粉者，即烟草天蛾和番茄天蛾（*M. quinquemaculatus*），它们都被苄基丙酮吸引。这些飞蛾除了食用花蜜和为花传粉，还会在植物身上产卵，孵化出以叶片为食的毛毛虫。毛毛虫数量太多显然对植物不利，所以当郊狼烟草感知到毛毛虫正在咀嚼自己时（它可以感觉到毛毛虫微小的咀嚼式口器的口腔分泌物），就会分泌一种名为茉莉酮酸酯的化合物。茉莉酮酸酯诱导植株减少生产重要的蛾类引诱剂苄基丙酮，并且开始在白天开花。香味和开花时间的这种微妙变化意味着烟草花会由不吃植物的蜂鸟传粉，同时减少蛾类传粉和毛毛虫滋生的机会。[7]在咀嚼信号传导到花朵的同时，绿叶挥发物从受损的叶片散发到空气中，吸引以卵和幼年毛毛虫为食的掠食者（调香师使用同样的化学物质在香水中实现植物茎叶的效果）。拥有芳香花朵的烟草植株就这样掌握了吸引和驱赶的艺术（或者说是科学？）。

人类拥有发现并过量使用植物化合物以发挥其精神活性作用的历史，而尼古丁是其中最臭名昭著的一种。烟草也许早在公元前 5000～前 3000 年就已在美洲得到栽培，但当时也有野生烟草可以使用，使用方法当然包括点燃吸食，但也包括用鼻子吸入叶片粉末，甚至有人将它用作灌肠剂。在有本土烟草生长的地方，它被用来治疗多种多样的疾病，例如哮喘（真有趣）、风湿、抽搐、蛇咬伤、肠道失调、咳嗽、皮肤病和分娩疼痛。虽然烟草很可能也用于娱乐，但早期欧洲探险家在美洲的很多记录都表明，吸烟是一种具有宗教或社会意义的仪式——就像熏香一样，升腾到空中的烟草烟雾会将信息传达给众神栖居的天界。对于许多美洲原住民而言，烟草一直是一种神圣植物，纳瓦霍人也不例外。烟草是纳瓦霍人的四大神圣植物之一（其他三种是玉米、豆类和南瓜），并被他们用在祝福和治疗仪式中。本土烟草——很可能是黄花烟草（*Nicotiana rustica*）——可以和其他药草混合，制成一种在仪式上使用的混合物，其阿尔贡金语名字是"金尼金尼克"（kinnikinnick）。烟草刚一抵达欧洲，就迅速成为一种神秘药草，被用来治疗多种疾病，并被冠以包括上帝之药和神圣药草在内的各种名称。法国大使让·尼科（Jean Nicot）是最早的烟草进口商之一，尼古丁（nicotine）这个词就来自他的姓。尼科做了用烟草治疗各种疾病的实验，甚至宣称它能治疗癌症，他为这种植物赢得了"大使药草"的标签。以美洲原住民为效仿对象，欧洲人开始将烟草的烟雾用作灌肠剂来拯救溺水者。当时的思路是，这种做法能够温暖溺水者的身体并刺激他们呼吸。一开始使用的工具很简单，只是一根供救援者将烟雾吹入直肠的管子，它很快被一整套设备取代，包括一个风箱、一根管子和一系列连接管，以防止显而易见的倒灌风险。在被废止之前，这种做法还被用于治疗各种疾病，包括霍乱。[8]

从弗吉尼亚州詹姆斯敦（Jamestown）殖民点首次尝试商业化生产到今天遍布美国东南部农场，烟草已经成为重要的经济作物。17 世纪初，殖民者（尤其是弗吉尼亚的殖民者）将很大一部分精力投入烟草生产，导致查理一世说这是个"完全建立在烟雾上"的殖民地，以至于殖民地管理者不得不鼓励农民种植更多玉米以获取食物。种植烟草的收入似乎很高，但这需要广大的处女地、有经验和技术的农场经营者、不小的运气以及大量劳动力。田间劳动力需求通过三种方式得到满足：拥有大家庭，从英格兰和爱尔兰进口契约佣工，以及从奴隶商人那里购买来自非洲的黑奴。烟草植株可以在处女地茁壮生长，需要的清理措施极少；农场主烧死或者用环带捆死树木，再将烟草种植在死掉的树和树桩之间即可。

新烟碱是另一类烟草衍生物，它们已经成为全球市场上使用最广泛的杀虫剂之一。它们是以尼古丁分子为基础的一系列神经毒素。在20世纪90年代初引入市场时，新烟碱看起来似乎是安全的，因为和许多其他传统杀虫剂相比，它们的用量可以更低，而且它们专门对付昆虫，对哺乳动物的影响似乎很小。因为它们是水溶性的，所以可以在植物体内自由移动，从接受处理的部位转移到花蜜、花粉，甚至是吐水液滴中，后者是从叶尖渗出的微小水滴，是传粉者的水源。

法国开展的一项研究发现，在采集的所有样本中，40.5%的花粉和21.8%的蜂蜜中出现了吡虫啉，这是一种新烟碱。即使在某个特定年份没有喷洒，尼古丁类杀虫剂也可能被植物从土壤中吸收，从而出现在花蜜和花粉中。除了喷洒在农作物上，新烟碱还被用来处理种子，使用方法是在播种前用杀虫剂包覆种子，或者直接将杀虫剂添加到土壤中。虽然种子处理似乎是位点专一性很强的杀虫剂使用方式，但种子上的包覆物会被植物吸收并出现在吐水液滴中，也会使种植区域产生烟尘云。只要从这团烟尘中飞过，蜂类就可能会被杀死，而在亚致死剂量的情况下，它们会将附着在身上的杀虫剂带回蜂巢。烟尘云可能扩散到附近的非农业区，对它们也造成了污染。除了直接影响，研究人员还花了一点时间证明亚致死效应可能也是致命的。因为新烟碱是神经毒素，所以它们会损害昆虫的学习、记忆、成功觅食、蜂巢卫生、逃避掠食者以及其他认知功能。蜜蜂受到了很多关注，但是熊蜂似乎特别容易受到影响。尽管人们越来越关注新烟碱的危害性，但它们退出市场的速度很慢。不过在 2018 年，欧盟禁止在户外使用三种最受关注的新烟碱类化合物：噻虫胺、吡虫啉和噻虫嗪。[9]

大众意识到了烟草的很多相关影响。士兵在战争期间抽烟，亨弗莱·鲍嘉（Humphrey Bogart）在《马耳他之鹰》（*The Maltese Falcon*）中自己卷香烟，奥黛丽·赫本（Audrey Hepburn）在《蒂凡尼的早餐》（*Breakfast at Tiffany's*）中拿着她那奇特的长烟斗，而且我们都知道关于雪茄弗洛伊德说过什么。[*] 万宝路牛仔（Marlboro Man）是一个有浪漫气质和男子汉气概的人物，就像克林特·伊斯特伍德（Clint Eastwood）在意大利式西部片《黄金三镖客》（*The Good, the Bad, and the Ugly*）中那样。吸烟常常是叛逆的象征，也是在公共媒体上炫耀权威的一种方式，就像抽烟和骑摩托车的詹姆斯·迪恩（James Dean）。它也是性的象征，有时直白，有时更微妙——无论是在点燃香烟时牵手的动作、分享一口香烟，还是只像老电影那样在微微翘起的嘴唇之间滑动一根香烟。最近，当我参与一个复杂的计算机驱动项目时，我听到一位已经戒烟的同事说："如果能抽根烟，我

130

---

[*] 弗洛伊德抽雪茄成瘾，依照他的理论，这当然可以是他童年期口欲未得到满足的表现，但当有人问他，爱抽雪茄是否有象征意义的时候，他的回答是"雪茄有时就只是雪茄"。

就能解决这个问题！"起作用的是抽烟的仪式还是尼古丁的迅速补充？

因为如今人们还没有用烟草花来提取芳香物质，所以不存在烟草花提取物。不过，叶片的溶剂萃取精华提供了一种美丽的果味和皮革味尾调。调香师发现这种香调是独特且有价值的，无论他们使用的是真正的烟草提取物（可选择不含尼古丁的）还是类似化合物（例如来自南欧的丹参或龙涎香）以获取烟草香调。作为一款早期烟草主题香水，哈巴妮特（Habanita）一开始是为了给香烟增添香味而配制的，不含烟草成分，而 1919 年推出的金色烟草（Tabac Blond）赶上了咆哮的 20 年代，可谓恰逢其时。这些香水反映了女性脱下束腹、紧身胸衣和裙撑，梳短发，抽烟和穿裤子的时代。她们不想要闻起来像花（和她们的母亲一样），而是选择了一种大胆而与众不同的香水。如今烟草制品不再出现在广告上，在很多国家被禁止出现在公共场合，因为它们致癌而且成瘾，即便如此它们仍被大量使用，向我们讲述着这种可爱而芳香的植物拥有的致命吸引力和排斥力。至于我，会以香水的形式服用烟草，吸烟就算了，谢谢。

香草园可能以芳香和外观为中心，而且经常以可爱有趣的模式布局。香草园里的明星包括薰衣草、迷迭香、罗勒、牛至、百里香、鼠尾草、龙蒿、墨角兰和欧芹。虽然和香料一样香草可以制成干的以便储存和运输，但香草通常最好使用新鲜的，可以直接从我们的花园中采摘，用于烹饪和治疗。很多常用香草原产自地中海生物群系，这是一种受火灾驱动的生态系统，其特点是冬季潮湿凉爽，夏季干燥炎热，天气通常由季风和洋流驱动。在这种生境中，植物不会长得很高，叶片也不会很大，它们常常贴近地面，叶片保持小而坚韧的状态，并通过在叶片和茎中产生挥发性化合物来保护自己免受食草动物的侵害。这些富含萜烯的香草为我们的食物增添了深度和复杂性。[10] 地中海的火灾驱动生态系统又称马基群落（maquis），是全世界数个类似的生态系统之一，其他包括加利福尼亚州沿海的查帕拉尔灌丛（chaparral）、非洲南部的凡波斯灌丛（fynbos）、智利中部的马托拉尔灌丛（matorral）以及澳大利亚西南部的广安（Kwongan）植被。

在地中海生态系统中坚韧芳香的灌木和迅速发芽的禾草之间，你可能会发现各种各样的地下芽植物（geophytes），即在地下（geophytes 一词的前缀 geo-）拥有球根、块根、根状茎或球茎结构的植物。球根植物种类繁多，而且充分适应了这些有时严酷且不可预测的火灾驱动系统。地下球根储存养分，并且可能有具收缩性的根，这些根可以在有需要时将植物拉到更深的地下，这可能是为了躲避干旱、火灾或者想吃球根的食草动物。从加利福尼亚州丰富的仙灯属（*Calochortus*）橙色罂粟花，到非洲南部美丽的孤挺花、风信子、兰花和鸢尾，再到澳大利亚广安地区的萱草、兰花乃至茅膏菜，这些植物都具有某些相同的特征。为了茁壮成长，它们进化出了各种能力：将养分储存到地下，在其他植物休眠时开花和发芽，躲避炎热、干旱的夏天，在火灾后重新生长，以及用芬芳的花朵吸引传粉者。如果它们使用自己储存的能量最先开花，那么在吸引传粉者方面，就可以减少和其他开花植物的竞争，并且将自身的香味作为额外的吸引力。在非洲南部，传粉者可能是蜂虻科（Bombyliidae）具有长喙的蜂虻，或者网翅虻科（Nemestrinidae）拥有极长喙部的网翅虻，而不是蜂类或飞蛾。特别是一种名为"*Moegistorhynchus longirostris*"的网翅虻，它是凡波斯灌丛中的主要传粉者，为那里的至少20个在春末夏初开花的鸢尾科、牻牛儿苗科和兰科物种传粉。由它传粉的植物拥有粉色或浅橙色花朵，无香味，提供花蜜，而且拥有与 *M. longirostris* 非常适配的极长花管，在所有昆虫中，这种网翅虻的喙相对于身体长度来说是昆虫中最长的。因为数个开花物种都可以由这些蝇类传粉，所以这些花经过进化，已经"学会了"将自己的花粉留在它们身体表面的不同位置，以避免花粉的物种间污染。这些生机勃勃且不同寻常的植物及其传粉者与一些最常见的香草和花（包括薰衣草）

有着相同的生态系统特征。¹¹

就像品酒会上的侍酒师一样，薰衣草蒸馏师小心翼翼地倒入 16 种精油样品，它们来自各种薰衣草，从可爱的粉花种类到有些浓烈且带有樟脑气味的宽叶薰衣草。她已经将它们准备好，供我在嗅觉上享乐。期待着一段宁静时光，我静下心来，看看我的鼻子是否能分辨出草本香调、花香香调、木质香调和锐利感。和许多植物一样，薰衣草是其风土条件的产物，也是繁殖和季节更迭的产物。虽然我们可能会认为薰衣草的气味是一种花香，就像许多地中海植物一样，但它在本质上主要是草本香调。我发现大多数薰衣草的整体香味一开始是清新的，而且有一点锐利，但随着香味在我的皮肤上或者试香纸上逐渐扩散，某些类型中带有花香味的芳香醇分子会散发出来。用在香水和芳香疗法混合制剂中时，可能还会有一种徘徊许久的花香木质香调。当我嗅闻精心挑选的薰衣草时，首先选择的是狭叶薰衣草（*Lavandula angustifolia*）的各个品种，我发现了花香香调和清新香调的不同组合（有时有锐利感，有时有木质香调），偶尔带有似根的或者脏的香调（但不是很糟糕）。宽叶薰衣草（*L. latifolia*）有锐利的绿叶香调，带有木质桉树气味，而法国薰衣草（*L. stoechas*）和其他薰衣草很不一样，它带有一丝类似熏香的味道，并在花香之

133

下隐藏着一种粗糙的木质感。

虽然我们大多数人认为薰衣草的花是精油来源，但蒸馏师知道还应该采集顶部叶片和茎。芳樟醇是一种单萜醇，是薰衣草和其他花卉的美妙花香的来源，并在花中起到吸引传粉者的作用，但是它也可以作为防御手段存在于叶片中，在植物被食草动物咀嚼时释放出来，吸引掠食者前来帮助控制这些小小的咀嚼者。芳樟醇是一种常见且通常占主导地位的萜类成分，存在于很多种花中，包括薰衣草的花和精油。[12] 你可能没听说过它，但可以肯定的是，你一定会喜欢它，就像甲虫、蜂类、飞蛾和蝴蝶喜欢它那样。从日常花园花卉到市面上的许多香水产品，芳樟醇都是淡淡花香的来源。茶叶、水果、根、树皮、柑橘、葡萄酒、真菌、大麻和啤酒花都含有芳樟醇。对芳樟醇而言，背景很重要。它在花朵中产生吸引力，但是当它存在于植物的绿色部位时，就成了一种武器。芳樟醇作为挥发性化合物防御武器库的一部分排放出来，吸引寄生蜂和掠食者前来捕猎咀嚼植物的昆虫，这种反应来自植物的营养组织而非花朵。芳樟醇可能是某些食草昆虫的性信息素的成分。而且有趣的是，曾有研究人员采集了一头貂熊的尿液，发现其中含有芳樟醇以及其他萜类，这些萜类很可能来自其饮食中的针叶树，并原封不动地通过尿液排泄出来，这在哺乳动物中并不常见。使用分馏技术，可以将芳樟

134

醇从紫檀或罗勒等植物中分离出来，但是其中带有来源植物的痕迹，这赋予来自罗勒的芳樟醇以茴香气味，而来自紫檀的芳樟醇则有一种可爱的木质香调。人工合成的芳樟醇是市面上的主要形式；它只是芳樟醇，不附带任何气味杂质，可以作为维生素工业的产品之一进行生产。

薰衣草属大约有 32 个物种，它们通常是茎叶带毛的芳香灌木。[13] 虽然狭叶薰衣草是最受欢迎的薰衣草物种，但生产商也种植和提取杂交薰衣草和宽叶薰衣草。各类薰衣草精油的年产量超过 1000 吨。狭叶薰衣草是法国、意大利和西班牙的特有物种，生长在当地海拔高约 5000 英尺且富含石灰岩的山脉中。然而，这种植物如今以各种品种和形态种植在世界各地，包括欧洲、澳大利亚和美国，并因为迷人的叶片和紫色花朵被广泛用作景观植物。薰衣草已经被人类使用了多个世纪，曾在 1 世纪被迪奥斯科里季斯（Dioscorides）*提及。薰衣草属名"*Lavandula*"，来自拉丁语单词"*lavare*"，意为"清洗"，与这个名字保持一致的是，薰衣草过去常被种植在洗衣房附近，并经常被用作洗涤添加剂，放在将要清洗的床单之间。它还是撒在中世纪房屋的地板上以净化空气的香草之一，长期以来人们一直将它与清洁和纯洁联系在一起。希尔德加

---

*　　古希腊医生和博物学家，著有草药百科全书《药物论》。

德·冯·宾根曾在写作中提到两种类型的薰衣草被用于清洁眼睛，一种是宽叶薰衣草，另一种被她称为"维拉"（vera，很可能是狭叶薰衣草），她还建议通过闻薰衣草的香味吓走不怀好意的邪灵。和我们当中的许多人一样，她同样认识到在睡前散步后用薰衣草沐浴有助于睡个好觉。我建议在枕套或手帕上洒几滴薰衣草精油，有助于你进入梦乡（但愿也能让你远离邪灵）。至于摄入薰衣草，希尔德加德建议将其与高良姜、肉豆蔻、"githerut"（指的可能是家黑种草）和欧当归混合，然后加入蹄盖蕨和虎耳草并充分粉碎。这种混合物可以与面包一起食用，或者压成药片。千百年来，薰衣草经常因其镇静和清洁特性被从医者提及。热爱沐浴的古罗马人可能将它带到了英格兰，如今它在那里是重要的景观植物。维多利亚时代的英格兰人喜爱薰衣草，它是当地早期古龙水配方中的成分，且很快被个人护理品牌雅德利（House of Yardley）采用，并长期与该品牌联系在一起。到20世纪初，它因其抗菌性能得到认可，并在第一次世界大战期间结合泥炭藓用于治疗伤口。薰衣草精油已经成为芳香疗法（使用植物油令身心受益）复兴的核心。

传粉者再次为人类提供了令人舒缓和放松的薰衣草香味，但仅在植物生命周期中的特定时间。植物的几乎所有组织都会释放挥发性有机化合物，尤其是叶片、花萼和花等部位。

这些挥发物传达的信息取决于环境和信息接收者。薰衣草植株的叶片、茎和苞片上有大量名为毛状体的气味腺，在自然界中可能有防御作用，而花朵散发的芳香物质也可能有防御作用，但更有可能是为了吸引传粉者。对于花而言，释放其挥发性有机化合物引诱剂的最佳时机是花朵开放且可以接受花粉时，此时传粉者处于活跃状态。在经历了与其传粉者的协同进化之后，有些花如今很是能够做到这一点。一项针对在法国种植的 6 个宽叶薰衣草品种的研究发现，在花蕾期、开放期以及枯萎期（完成传粉后），花朵会分别释放三类挥发物，它们在花蕾期具有防御作用，在开放期吸引传粉者，并在花枯萎后保护种子。通过控制酶的活化和失活，薰衣草植株在廾花的穗状花序中开启和关闭萜烯的制造和修饰。[14] 和传粉者一样，人们更喜欢盛花期，此时薰衣草的花释放吸引昆虫的化合物。实际上，薰衣草精油的国际标准要求花产生的芳樟醇和乙酸芳樟酯都必须达到一定比例。蒸馏师发现开花、降雨和气温都会影响薰衣草植株中的芳樟醇，而这些环境和植物因素也影响着传粉者的存在和可用性。

迷迭香（*Salvia rosmarinus*）在地中海干旱的白垩质土壤中繁茂生长，从海边到山腰都有分布，但也种植在各地的花园中，被人们用于装饰和烹饪。叶片和植株末梢可能会和其他地中海香草一起出现在醋罐里，或者和红葡萄酒一起组成腌泡汁。我们在花园里种植迷迭香，四处剪下来一些，获得它们的芳香或者将其用于烹饪。它在婚礼和葬礼上都有可能出现，而且在中世纪是用来净化房屋空气的香草之一。曾经，教堂会将迷迭香作为熏香焚烧，而且在黑死病横行的年代，迷迭香与瘟疫和死亡有着强烈的联系。我们很多人知道"表示纪念的迷迭香"这句话，但是如果你碰巧生活在 14 世纪初的欧洲，你会将这种气味与死亡和疾病联系在一起。腺鼠疫在城市中肆虐，伴随着腐烂和不洁的恶臭——在这个时代，宜人的芳香是促进健康的良善力量，而臭味意味着疾病和邪恶。富人可以离开城市，在他们的私人花园和通风良好的住宅里享受新鲜、干净的空气，而且在不得不接触人群时，他们还会随身携带芬芳的香盒，但是穷人和普罗大众只能使用他们

137　知道并且负担得起的医疗工具。千百年来，气味香甜清新的香草一直作为地板覆盖物、食物添加剂和药物（都是好东西）为人类服务。迷迭香很常见，无论是出现在婚礼上还是葬礼上，它都是生活的一部分，而且它拥有一种强烈且具净化功效的香味。因此，为了抗击瘟疫，人们随身携带迷迭香枝条，将它与香料及其他香草一起加入醋或葡萄酒中，还会将迷迭香当作熏香焚烧以净化自己的住宅。如果你能想象到一座典型大城市中封闭且不卫生的区域，那里有开放式下水道，洗

过的衣服挂在绳子上，垃圾成堆，马和其他牲畜随处排便，再加上尸体在城市里散发的恶臭（人们死去的速度比收尸的速度更快），那么你就会知道瘟疫的臭味。瘴气这个词太温和了。然后你就可以想象得到，迷迭香的清新和清洁气味，也许里面还混着一点橙皮或者廉价香草如薰衣草、鼠尾草或百里香的味道，可以为有垂死病人的家带来一丝美好和舒适。

像其他地中海香草一样，迷迭香在春天和夏天开出小花以吸引传粉者，主要是蜂类。在干燥多变的栖息地，蜂类活动的模式会在一天当中出现变化，而且不同种类的蜂可能在寻找不同的东西——花蜜或花粉，而这些东西的存在和可用性都存在差异。因为迷迭香可以在不同海拔生长，所以它已经进化出了改变花朵大小的能力，在较高海拔开较大的花，在海平面附近开较小的花，而富含树脂的坚韧叶片（称为硬叶）保持同样的大小。[15]花朵大小的这种变异有两种作用：令花更适应体型更大的山区传粉者，以及保护它们免遭低海拔地区更炎热且更干旱气候条件的伤害。海拔较高地区的传粉者很可能是体型更大的熊蜂，它们可以调节自身体温以便让自己温暖起来，因此和其他蜂类传粉者相比能够在较低的温度下保持活跃。叶片的大小不存在这种变异模式；在迷迭香的所有生长范围内，叶片都很小并富含树脂，这让它们能够抵御干燥环境。迷迭香精油中的标准成分包括1,8-桉树脑、樟脑、

α-蒎烯和 β-蒎烯、冰片，有时还有马鞭草酮。成分差异（例如更多的桉树脑或者更多的马鞭草酮）会影响香味和作用方式，并被标记为不同的化学型（chemotype）。马鞭草酮迷迭香（rosemary ct verbenone；ct 是 chemotype 的缩写）是一种很好的全方位迷迭香，我喜欢它的木质和绿叶香调，突出了富含树脂的典型迷迭香气味，而桉树脑迷迭香（rosemary ct cineole）带有草本锐利感，为迷迭香气味带来了微妙的不同。

玫瑰及其果实

08 蔷 薇

　　在品尝玫瑰优酪乳时，我孙女脸上的表情有点难以解释。我问她喜不喜欢吃，她不太确定。这是她第一次在一家印度餐厅吃饭，她很享受整顿饭，但对玫瑰优酪乳仍然踌躇不决。我自己吃了几口，正如我希望的那样，浓郁的玫瑰搭配醇厚的酸奶，略带甜味，对于鼻子和嘴巴都是一种享受。我喜爱浓郁的玫瑰提取物，而且已经学会了欣赏这种复杂的气味。那天晚上，我的孙女花了点时间来适应气味和味道、花香和酸味的共同作用，我希望她将来怀着喜悦之情回忆起这段体验。和其他中东菜肴一样，玫瑰优酪乳是用玫瑰水和玫瑰蜜饯制成的。

　　这些问题，关于如何对蔷薇属植物进行分类以及如何确定驯化品种的起源，从林奈开始就一直困扰着人们。蔷薇有自由杂交的习性，这导致科学家难以厘清它们的关系，也令月季育种家对它们产生极大的热情。蔷薇属*有大约 200 个物种，大多数是野生物种，它们优雅的花有 5 枚花瓣，呈白色、粉色和红色，还有 5 枚萼片和数量不一的亮黄色或橙色雄蕊，雄蕊在花的中心排列成醒目的圆形，以更好地吸引传粉者。皮刺的大小和数量各不相同。大多数蔷薇属物种似乎非常适应在物种和品种之间共享和整合基因，这种习性产生了我们今天在花园和花店看到的各种月季。月季育种存在两条路径，一条路径是为了培育追求颜色、形状和瓶插寿命的月季切花，而沿着另一条路径培育的月季则由既欣赏外表之美又看重香味的园丁种植。尽管将鼻子埋在一束深色月季中是本能的行为，但如果你是从杂货店或者高端花店买的切花，而不是从你的花园里采摘的，那么你几乎总会感到失望。商业栽培的月季几乎没有香味，科学家实际上并不知道确切原因，因为相关基因和酶都存在于这些月季休内：它们只是没有落实从花中散发气味分子的后续行动。[1]

142

------

* 蔷薇属植物（roses）在汉语中有三类称呼：蔷薇、玫瑰和月季。在中国大陆植物学界的常用语境下，蔷薇是对该属植物尤其是每年只开一次花的原始物种及早期品种的统称，玫瑰是一个以食用和香精提取为主要用途的物种，月季一般指培育时间较晚、每年可多次开花、以切花月季为代表的复杂品种群。在文学和某些日常语境下，玫瑰一词被用来泛指所有蔷薇属植物特别是花店售卖的月季切花（情人节期间尤甚），而香水产业常用玫瑰一词描述所有来自蔷薇属植物的芳香成分和产品。为了表述清晰准确，本书将根据具体语境综合考虑，选择最恰当的名称。

在西方历史的很大一部分时间里，正如我们在瘟疫中看到的那样，香味是一种良善的力量，但后来情况发生了变化。在康斯坦斯·克拉森（Constance Classen）的著作《感官世界》（*Worlds of Sense*）中，她提到嗅觉在西方是一种被忽视的感官，正在被视觉取代。大约在 18 世纪的某个时候，西方文化开始强调视觉：城市的卫生措施和各种除臭产品令气味最小化。这些改变反映在花园和花卉育种中。花园变成了视觉体验，花卉培育更追求色彩和可观赏时间，忽略了它们令人愉悦的芬芳，为我们提供的是没有香味的现代栽培月季。[2]

我们将把那些没有香味的月季留在市场上，回到花园享受美丽和芬芳。由于蔷薇属的物种多样性极其丰富，所以对其中的一般类群进行划分可能有助于讨论蔷薇属的类型和物种。有些类型一年只开一次花，包括白蔷薇、百叶蔷薇、突厥蔷薇、法国蔷薇以及苔蔷薇，而重复开花的类型包括波旁月季、中国月季、杂种长春月季、诺伊赛特月季、波特兰月季和茶香月季。除此之外，还有攀缘和灌木、有刺和无刺、野生和栽培，以及单瓣和重瓣之分。一些标志性的重要种类值得一提。木香（*Rosa banksiae*）的花期很早，带有淡淡的堇菜香味：它是单瓣花，起源于中国，以约瑟夫·班克斯爵士的名字命名。1886 年，一位苏格兰居民将一根插条带到亚

143

利桑那州的图姆斯通（Tombstone），然后种在院子里。它很快就需要框架的支撑，而且它至今还在生长，树干周长已经达到11英尺半，树冠覆盖面积约5000平方英尺。院子所属的房子后来变成了一家名叫蔷薇树旅馆（Rose Tree Inn）的酒店，如今则是私人住宅，但露台对公众开放。百叶蔷薇（*Rosa × centifolia*）是拥有100枚花瓣的蔷薇，每年开一次花，有甜美浓烈的芳香。美丽的花出现在17世纪的荷兰花卉画中，并因其硕大的花和甜香气味而备受重视。苔蔷薇是该类群的一种突变形态，其萼片、花萼和花梗上长有芳香腺体，这些部位呈苔藓状生长，具有强烈的芳香和黏性，散发着松树气味。[3]

月季花（*Rosa chinensis*），又称中国月季，在中国已经栽培了大约2000年，而且包括大约1000年前培育出的品种"月月粉"（Old Blush），它将自己的基因赋予了现代月季，这或许也令它在现代月季的发展中成为最重要的蔷薇属植物。"月月粉"为现代月季贡献了持续开花的性状，它在18世纪被带到欧洲，并在那里与欧洲的蔷薇如突厥蔷薇和法国蔷薇杂交，得到波旁月季和杂种长春月季。它的香味程度中等且像茶叶，开粉色重瓣花，连续开花。唯一现存的绿色月季起源于一次突变，名为"绿萼"（Viridiflora）。突厥蔷薇（*Rosa × damascena*）是法国蔷薇和麝香蔷薇（*R. moschata*）

的杂交种，也是香精香料工业中玫瑰油的四种重要来源之一。异味蔷薇（*Rosa foetida*）有强烈的恶臭气味，来自亚洲，开明亮的黄色花朵。1900年，它的一个芽变类型重瓣异味蔷薇被用来培育出第一种真正的黄色花园月季"金太阳"（Soleil d'Or）。它的臭味吸引蝇类、胡蜂和甲虫。

　　法国蔷薇有一种甜甜的"古典月季"香味，开一次花。它来自法国和中欧、乌克兰、土耳其和伊拉克，并且作为最重要的野生物种之一，它是几乎所有现代月季的祖先。萼片和花托含有黏稠的香味树脂。"兰开斯特红蔷薇"（Red Rose of Lancaster）是法国蔷薇的一个早期栽培品种，可能是在1400年前后的法国从野生物种中培育而来的，其除了因美丽得到种植，还用于医药以及香水和蜜饯。芽变品种"罗莎曼迪"（Rosa Mundi）又名"双色"（Versicolor），花瓣上有白色条纹，约1560年出现在英国。麝香蔷薇是现代月季的祖先之一，它是单瓣物种，其强烈的蔷薇花香带有淡淡的麝香气味。它可能起源于喜马拉雅山脉西部，后来移植到整个地中海地区。多花蔷薇（*Rosa multiflora*）有强烈的麝香气味，而且是用作砧木的最重要的野生蔷薇物种之一。但更重要的是，它是多花攀缘蔷薇、多花月季、丰花月季和大花月季的祖先之一。花小而白，但一个直立圆锥花序上可能有500朵花之多。它原产日本北部以及朝鲜半岛部分地区。[4]

在众多蔷薇属植物中，调香师只使用其中的少数几种，突厥蔷薇、百叶蔷薇、白蔷薇以及玫瑰的一个杂交种是当今香水产业使用的主要蔷薇，它们种植在保加利亚、土耳其、摩洛哥、伊朗、阿富汗、中国和印度。[5] 通过蒸馏提取香味，制造出美丽而珍贵的奥图（otto）玫瑰精油，以及名为玫瑰水（rosewater）的水性部分。[*] 或者使用溶剂提取法，产生一种名为凝香体（concrete）的固态蜡状物质，再用酒精进一步提取出玫瑰净油，这是在制造香水时最常使用的方法。使用百叶蔷薇提取的玫瑰净油富含苯基乙醇，具有浓郁的蔷薇芳香，辛辣气味比突厥蔷薇少。使用突厥蔷薇提取的玫瑰净油十分浓郁，在某种程度上更强劲有力，温暖而辛辣，带有强烈的蔷薇香调。

对蔷薇的蒸馏——几乎总是突厥蔷薇但偶尔也有百叶蔷薇——通常使用整朵花，它们是在太阳还没有升至太高的清晨小心采摘的。在这里，我想追溯到大约 150 年前，看一看保加利亚卡赞勒克地区的种植者制作的一份旧文件。[6] 他们描述了自己种植的红色突厥蔷薇花田，这些突厥蔷薇排列成行并生长成浓密的绿篱，行距宽阔得足以让两名男子并排行走。这些红花蔷薇被白花蔷薇灌丛包围，形成一道白色镶

---

[*]　此处按照香水行业惯例，将芳香制品的名称前缀统一为玫瑰，尽管生产它们的物种可能名为蔷薇。

边，而采摘者会在清晨进入花园，只采摘开放或半开放的花朵，花上还带着露水。当时，他们估计每英亩的产量超过100万朵花，需要大约800工时来采摘6600～8800磅花瓣，一共可产出刚刚超过2磅的奥图玫瑰精油，这个估算数据可以和今天的产量相比，尽管如今高效管理的田地和改良品种令亩产量有所提高。除了和时间赛跑，在传统花田里，人们还需要计算蔷薇收获与可用蒸馏装置的匹配情况。一家小蒸馏厂可能会在丰收年份应接不暇，如果不能迅速蒸馏这些花，就必须把它们卖给更大的蒸馏厂。蒸馏过程还需要木柴和水，前者用来加热蒸馏器，后者令花朵悬浮以及冷却冷凝装置。如今，玫瑰精油的生产在某种程度上仍然以家庭种植的小块花田为基础，他们会将收获的蔷薇运送到更大的蒸馏场地，这意味着该行业支持着众多小型家庭农场。

当一种芳香植物如蔷薇被蒸馏提取精油时，会产生两种产品。一种产品是浮在接收器中液体顶部的油，正是它被称为"奥图"。另一种产品是水性部分（在这里是玫瑰水），它常被称为纯露或花水。纯露含有植物中的水溶性醇类和其他芳香物质，通常气味更淡、更温和。玫瑰净油是香水行业使用的另一种芳香产品，由花的溶剂提取物制成。溶剂提取过程首先产生凝香体，其中含有来自花朵的花蜡以及许多可爱的其他芳香物质。使用乙醇对凝香体进一步提取，会得到一种深橙红色的净油，它拥有浓郁的蔷薇香气且可溶于乙醇，这令它更容易被调香师使用。虽然很少使用，但我发现玫瑰凝香体非常美妙。这种固体蜡块可能有点不太方便使用，但在购买多年之后它还能保持香味，而且和净油或精油相比，可以更深刻、更完整地唤起蔷薇的芳香。

两种挥发物促成了蔷薇属植物的标志性香味。中国月季的香味中含有一种名为3,5-二甲氧基甲苯（DMT）的分子，造就了它们的另一个名字——茶香月季，指的是它们花朵的果味茶香。另外，欧洲月季会产生并散发2-苯乙醇（2-PE），它带有蜂蜜味以及浓郁、深厚的蔷薇香气。蔷薇属植物总体上的"蔷薇"香味被各种其他芳香物质修饰，令每个种类呈现独特的香气。此外，蔷薇花的不同部位会根据用途产生不同类型的挥发物。制造出蔷薇的香味需要多达300种成分来提供复杂但可识别的蔷薇花香。大部分蔷薇还为我们提供花香、辛辣、绿叶和清新、柑橘，甚至还有没药和珍贵树脂的气味，这些芳香来自蔷薇花产生的高度复杂的挥发物中的其他成分。除了DMT和2-PE，玫瑰酮——β-突厥烯酮和β-突厥酮——赋予蔷薇花以花果香味，而玫瑰醚提供绿叶和辛辣气味。玫瑰酮对香水产业很重要，因为它与多种成分结合可以制造出蔷薇芳香，而玫瑰醚则根据分子的旋光性以两种形式出现——顺式分子有甜美的花香香调，并带有明显的绿叶香香调，而反式分子增加辛辣的一面。有些蔷薇属植物还含有少量甲基丁子香酚，从而带有一丝香料风味。[7]

　　野生蔷薇的花朵形状简单，颜色范围从白色到浅粉色再到深粉色和红色，但都在中心长着一团鲜艳的黄色或橙色雄蕊。花瓣产生甜美的香味，萼片富含散发松树和柠檬气味的倍半萜烯，而花药和花粉含有多种花朵其余部分没有的独特化合物。这些芳香物质的作用是将特定传粉者吸引到植株的不同部位。玫瑰等野生蔷薇并不总是产生花蜜，但它们有一圈鲜艳的黄色雄蕊，会产生大量花粉以吸引寻觅花粉的昆虫，例如熊蜂。一项针对欧洲野生蔷薇的研究发现，它们的雄蕊数量为 83 ～ 260 个，这对于蔷薇而言投入了大量资源，而且说明对于至少部分蔷薇物种而言，吸引寻觅花粉的昆虫非常重要。在锁定富含蛋白质的花粉时，熊蜂既将承载花粉的鲜艳雄蕊用作视觉信号，也使用花药散发的气味信号，其中含有辛辣的丁子香酚以及其他化合物。[8]玫瑰在欧洲被视为入侵物种，其气味强度中等，比突厥蔷薇品种淡，强于原产欧洲和非洲西北部的攀缘物种狗蔷薇（*R. canina*）。花粉中的丁子香酚似乎对熊蜂极具吸引力，导致它们增加降落和振翅等花粉采集行为。熊蜂是振翅专家，这种行为又称声波降解，目的是令各种花的花粉脱落；夏日清晨园丁熟悉的嗡嗡声便是这种行为的产物。熊蜂主要在采集蓝莓、蔓越橘和番茄等植物的花粉时使用这种工具，这些植物的花粉被包裹在花药中，只能通过小孔或狭缝释放出来：以特定的频率振动可以释放花粉。对于蔷薇和其他拥有大量雄蕊的花，它们会从富含花粉的花心钻过去，采集这些黄色的好东西，并嗡嗡作响地进行传粉。

虽然欧洲人拥有各种美丽芬芳的野生和栽培蔷薇属植物，但 1780 年前后中国月季的引入带来了多季开花的能力，育种者将它们迅速添加到基因库中。中国月季在人们对花产生极大兴趣的时候抵达。将欧洲的抗病抗寒种类与中国多季开花的茶香类型相结合，为一种以蔷薇为中心的激情和产业注入了活力。发明蒸馏技术的波斯人非常喜爱蔷薇，将它们种在几乎所有的花园里，并常常种植成绿篱，以将它们的香味借给花圃中的茉莉、丁香花和堇菜。设拉子城坐落着许多茂盛而芬芳的传奇蔷薇花园。波斯战士的盾牌上有蔷薇图案，法斯斯坦行省（Farsistan）[*]每年要向巴格达的国库进贡 3000 瓶玫瑰水。据说所谓的圣蔷薇（*Rosa × richardii*）存在于古埃及陵墓中，而且至今仍散发着芬芳。15 世纪，英格兰爆发了蔷薇战争[**]，其中的蔷薇指的是对决双方的徽章，兰开斯特家族

---

[*]　波斯旧称。
[**]　又称玫瑰战争。

的红蔷薇和约克家族的白蔷薇。在第一次见到马克·安东尼（Mark Antony）时，埃及艳后克利欧佩拉特（Cleopatra）在自己寝宫的地板上铺满了蔷薇，而古罗马人会佩戴蔷薇花冠治疗宿醉。泰奥弗拉斯托斯（Theophrastus）*描述了栽培和野生蔷薇，以及使用芝麻油萃取鲜花来制造香水的方法。迪奥斯科里季斯描述了将花瓣进行盐渍以保存的方法，普林尼拥有酿造玫瑰酒的配方，而维多利亚时代的人们吃玫瑰花瓣三明治。到17世纪末，设拉子城人正在提取一种精油，而蔷薇在大约同一时间抵达了保加利亚的卡赞勒克。

在离开花园这个主题之前，请让我再谈谈兰花。当我还是个美国西部的孩子时，我很喜欢那里荒凉的景观，可以看到地质特征，而且那里的花是季节性的，常常需要运气、春雨和仔细的搜索才能找到。长大后，我搬到了佛罗里达，发现了一个完全不同的世界，植物几乎覆盖了所有裸露的空间，兰花在其中快活地生长和繁衍。我主要通过试错来学习如何照料这些花，并了解到它们非常坚忍，但有些种类你就是没法养好。一条经验法则是，如果你把某种特定的类型养死三次，你就需要放弃，专注于那些你能养活的。兰花这个主题

---

* 古希腊植物学家，被公认为植物学之父。

像整个世界一样广泛，因为它们是最大的开花植物类群之一，而且分布于所有大陆，也许只有南极洲除外，而且它们出现得非常早，可能曾经与恐龙共存。如今一共有大约 3 万个兰花物种，大多数通过传粉者完成受精，但它们吸引传粉者用的是气味和诡计。这些是它们的工具，而且它们运用自如。[9]

在这里，我想讲三个故事，它们来自我有关兰花的经验，并且和更广阔的兰花世界有关。兰花常常通过欺骗来吸引传粉者，这种策略的成功需要它们让自己的花生长得好像自己想要吸引的昆虫并鼓励对方前来交配，从而导致传粉行为的发生。昆虫不会得到奖励，但兰花可以设法将一小包名为花粉块（pollinia）的花粉留在昆虫身上，让它运送到其他地方。有些兰花会提供奖励，那就是香味，例如我院子里的爪唇兰（*Gongora odoratissima*）。我没有在兰花展上花钱买已经开花的植株，而是买了一株年幼的兰花，它长有两三个鳞茎但没有开花。两三年后，我密切关注悬挂在植株上并且正在延长的单个穗状花序，等待小小的龙形花朵出现。果然，龙形花朵出现了，我开始观察这朵花，因为每天都有新的绽放。然后我注意到了淡淡的肉桂气味，于是更加享受我的赏花体验。但最棒的惊喜——几乎是最棒的，是在某天出现的一只鲜艳闪亮的蓝色蜂。我稍加研究，找出了它的名字。它是一种兰花蜂，我稍加观察就看到了这个类群特有的大后足。最后我放了一个小凳子，这样就可以坐在这株兰花旁边观察这只蜂，我发现他（搜集气味的总是雄性）会飞上来端详我，在我面前悬停片刻，然后重新回到花上。一个看起来很像交配的动作实际上是这只蜂在从兰花的花瓣上刮取气味。一两分钟后，他会飞到离花几英寸远的地方，而我可以看到他将某种东西从自己的前足向后足的大口袋转移。然后他会再次返回到花上。他正在将花的芳香蜡储存在这些口袋里，以供稍后混合成香水并从某个显露在外的栖息处飘出，起到吸引雌性的作用。我从未见过这只兰花蜂身上有任何花粉块，但只要花在开放，他就会造访它们。[10]

有些书和电影讲述了兰花收藏家的热情。在我接触到的这一小部分世界里，我见识过这种热情。佛罗里达州南部每年都会举办兰花展，通常是在 1 ～ 5 月，而我确信世界其他地方也有每年一度的兰花展。从娇小的石豆兰到拥有肉质气生根的大型万代兰，再到在纸板箱里缠绕在一起的香子兰藤蔓，来自世界各地的供应商带来各种各样的兰花。最好早点到场，加入热切的收藏家队伍，他们大多数人都带着用来装兰花珍品的小轮车。那些愿意花大价钱购买正在开花的美丽卡特兰或者稀有万代兰的人，我钦佩他们的勇气。但是我通常没有什么特定的想法，只是喜欢闲逛，等着看有没有什么东西能够抓住我的目光。在很多展台上，争奇斗艳的花朵下面摆放着裸根植株，它们的价格比开花植株低得多，但是需要耐心，因为它们常常需要一两年才能开花。我对此没有意见，因为我发现期待是乐趣的一部分，而且如果它们死了，我也不会感到那么难过。过去的兰花收藏家属于 18 世纪和 19 世纪的植物探险家，他们随意采集，常常为了确保自己的垄断地位摧毁美丽样本的整个种群。

小小的二裂彗星兰（*Angraecum distichum*）是我最喜欢的兰花之一，而我养的那株已经有大约 10 年的花龄了。厚厚的互生叶片长度不到 0.5 英寸，整棵植株的长度也不足 4 英寸，这棵小兰花恰如其分地蜗居在其他更醒目的兰花之间。它在一年当中偶尔长出新的枝叶，小小的白色花朵开在叶片之间。这些花有香味，但它们太小了，只能让我闻出一丝淡淡甜香。同属的另一种兰花——长距彗星兰（*Angraecum sesquipedale*）拥有几乎和我的手一样大的花朵。这种花又被称为达尔文兰，它以证实了达尔文提出的传粉和传粉者相关理论而闻名，尽管直到他死后才得到证实。在这种兰花被发现时，人们观察到其硕大的白色花朵拥有长约 12 英寸的花蜜管，而达尔文推测在某个地方肯定存在一种飞蛾，其喙部能够伸到花蜜管底部饮用花蜜。符合这一预测的飞蛾最终果然被发现了。[11] 彗星兰属包含多种芳香白花物种，株高从仅几英寸至超过 6 英尺不等。在欣赏我的兰花时，我意识到自己收藏的兰花有着类似的大小范围，从娇小的石豆兰到几棵花朵丰富、高达 3 英尺的石斛兰。兰花的形状可能像鸟、小人儿、蜘蛛甚至鹦鹉，而且有些物种拥有形似睾丸的球根状基部，因此该类群的英文名字"orchid"来自希腊语中意为睾丸的单词"orchis"。

我们和开花植物的联系可以追溯到我们的起源，而且无论是在生前死后，在我们的住宅，还是大大小小的花园里，它们都与我们同在。它们提供了药物和食物、美丽和芳香，以及那些飞来飞去并嗡嗡作响的传粉者，包括其重量和美丽与一片花瓣相当的蝴蝶、飞蛾、蜂类和蜂鸟。它们的奥秘？达尔文认为是它们的起源，但我想也许更大的奥秘是烟草和天蛾如何变得如此亲密，栀子花中的蘑菇气味来自哪里，为什么没有蓝色月季 *，以及恐龙是否吃兰花。

---

* 英语 "blue rose" 有 "不可能" 之意。

PART 4

香水制造：
从柑橘到麝香

　　如果不讲述香水的故事，不讲述人们如何为了美和吸引力而提取芳香族化合物，一本关于芳香的书就是不完整的。植物已经掌握了使用数百种不同的芳香族化合物创造和混合芳香分子的艺术。一朵花的气味会触及飞蛾、蝴蝶、蜂类或甲虫，引诱路过的昆虫凑过来啜饮甜美的花蜜，然后带走一小包花粉送到其他植物那里。植物的其他部位也混合并散发气味分子，但它们这样做是为了吸引天敌的天敌或者向其他植物发出攻击警告。有些芳香物质保留在植物组织中，起到治愈和抵御疾病的作用。人类还将植物用于治疗和增加吸引力，使用芳香植物制造药物和香水。提取和使用植物中的芳香物质是一件复杂的事，这意味着在历史的大部分时间里，香水都只供非常富有的人（常常是王室成员）使用，他们拥有自己的炼金术士，从花、木材、香料、香草和麝香中提取和创造芳香。科学和工业最终发展到能够为香水制造出特定芳香剂。在法国南部的石灰岩山脉之间崛起了一座名叫格拉斯的城市，它坐落在蓝色的地中海附近，拥有茁壮生长的薰衣草和茉莉花，香水行业就起源于这里。香水的故事始于医学和炼金术以及三项芳香协议。

在那之前，早期香水直接从花、叶、木材、树脂、种子和根等自然材料中提取，并萃取到油脂中或者溶解在酒和醋里。在人类存在于地球上的大部分时间里，用于药物、食物和气味的植物都是一种东西。欧洲人喝古龙水，沉香用于增进身心健康以及为衣物增香，龙涎香搭配迷迭香以预防瘟疫，蔷薇果和茉莉花蕾可以制成极好的茶，而玫瑰水和橙花水都被广泛用于烹饪。1370 年前后，一位隐士或炼金术士（这个故事有点含混不清）送给匈牙利的伊丽莎白王后一个名为"匈牙利水"（Hungary Water）的配方。它带有迷迭香和柑橘香调，可以说是第一款古龙水，而且可以通过多种方式使用：作为药物内服，涂抹在皮肤上美容，或者像今天使用古龙水那样使用。拿破仑很欣赏古龙水，每个月都要用掉数加仑的柑橘古龙水，这和他心爱的约瑟芬夫人形成鲜明对比，后者喜欢强烈而持久的动物性麝香。

从古希腊科学家开始到阿拉伯世界，炼金术士研究蒸馏并努力令无形之物变得有形。但只是这样还不够——现代香水制造业还需要两样东西，一样是作为芳香物质载体的酒精，另一样是盛放香水的精致玻璃容器。随着新的香味成分进入欧洲，玻璃制造商改进了他们的技术，王室拥有了自己的炼金术士，从炼金术到香水制造的转变开始了。药剂师、香料师和化学家使香水产业得到发展，并将香味产品推向大众。

我以自己的小规模生产方式复制了数百年来在蒸馏室中使用的工艺，该工艺不仅用来生产药物和食物，而且还用来工业化生产精油以满足我们对香水、调味料和芳香疗法的需求。这套堪称魔法或者炼金术的流程是，将一棵柠檬树的芳香树叶放入小蒸馏器的玻璃曲颈瓶中，用水腌没它们并加热，然后微小的蒸汽液滴上升，被一根细长的冷凝管捕获。液滴沿着冷凝管的管壁流下，装满下面的小罐子并分为两层芳香液体。人们需要使用热量和蒸汽将香味从植物中分离，它们会分解液泡和植物生物质，释放出伴随蒸汽上升的芳香成分。这些蒸汽中同时含有水和精油，当它们遇到冷凝管的冷出口室时就会变成液滴。这些液滴顺着冷凝管的内壁流下，落入容器中并在那里分成两层：精油和水性部分。漂浮在水面上的芳香液体被认为是植物的精华，因此被称为精油（essential oil），这个名字来自古老的拉丁文"quinta essentia"，指的是事物的第五元素，即纯粹本质。精油下面的水性部分被称为纯露或花水。当植物材料被放在水中加热时，这种方法被称为水蒸馏法，而蒸汽蒸馏法则直接将蒸汽泵入植物材料。[1]

对于无法承受蒸馏的热量并且在采摘之后继续释放香味的珍贵花朵，香水界使用一种名为"脂吸法"（enfleurage）的技术，而该技术的基础是古埃及人使用的一种古老的气味提取法。采用这种方法的部分植物包括茉莉、晚香玉和风信子，使用脂吸法时，植物会让自己纯净的香味融入某种半固态脂肪，令气味分子被脂肪捕获。如果你曾经把洋葱放在冰箱里的黄油旁边，就会知道脂肪会吸收气味。在法国的格拉斯，人们将这个过程提升到了一个新的水平，而且使用的是铺在玻璃板上的纯化猪油。例如，茉莉花会在早上第一时间采摘并迅速送到工坊，敏捷的工人用双手将它们面朝下放在铺着猪油的玻璃板上。在让脂肪吸入一天的香味之后，取出用完的花朵，再放上新花；这个过程会重复多达36次，以令脂肪充满香味。如此操作得到的是一种润发油，基本上就是有香味的脂肪，根据所用材料和吸香次数可以将其称为"茉莉润发油36号"（pomade de jasmine no. 36）。由于基于酒精的提取物仅由花的香味制成，不涉及加热或植物材料，所以过去以及现在它都被认为是最自然的花香复制品。当使用己烷等溶剂进行提取的方法被开发出来，它就将取代脂吸法，成为捕捉茉莉或晚香玉精致香味的方式。溶剂提取法产生名为"凝香体"的固态物质，其中含有来自花的蜡质和香味分子，必须用酒精清洗或提取才能得到纯净的香水油，从而用于香水制造。这种油称为净油，具有强烈的芳香，可溶于酒精——这一点是香水产业所需要的。[2]

北美乔松的针叶和球果

09 简朴的开始：薄荷与松节油

和有香味的花相比，薄荷和松节油显得非常简单朴实，但 159
它们都是香水产业和北美早期经济不可或缺的基础。薄荷蒸
馏师创造了最早的需求，接下来创造了一个产业：薄荷如今
已成为三大畅销精油之一。松节油如今是生产许多芳香族化
合物所使用的原材料，它可能来自多种针叶树，包括美国东
南部、树脂含量丰富的松树。

当法国南部小城格拉斯的蒸馏师和调香师专注于在当地
气候条件下生长良好且备受青睐的花卉时，北美洲的蒸馏师
发现了可以用来建立自己产业的更朴实的作物。薄荷自古
以来就很受欢迎，是一种常见的庭院香草，尤其是辣薄荷
（*Mentha × piperita*），它起源于欧洲，是两个近缘薄荷属物种
水薄荷（*M. aquatica*）和留兰香（*M. spicata*）的后代。也许
它一开始是由采集者在水薄荷和留兰香共同生长的潮湿区域
发现的，它们产生的杂交种拥有超越双亲的性状——至少对人

类采集者而言。因为薄荷很容易从根和插条中生长出来，所以能够轻松繁殖和传播。使用薄荷的早期从医者会将叶子切成碎片以掩饰其种类，但是和许多秘密一样，这个秘密也被发现了，很快人们就开始走私小段根和茎，最终它以插条的形式从欧洲进入北美洲。在美洲，薄荷可能被用来制作夏日茶饮和薄荷朱利酒：先将苹果醋、薄荷叶和砂糖煮沸过滤，制成薄荷醋，添加到果汁潘趣酒中增加风味，或者加入酱汁中。还可以将薄荷叶浸入打发后的蛋清再用糖包裹，制成糖渍薄荷叶。薄荷清新凉爽，其味道和芳香在炎热的夏天备受欢迎。

作为家用草药箱中的必备物品，薄荷成为北美洲最早被蒸馏的植物之一，也成了一个产业的基础。它小规模出现在朗姆酒蒸馏中心附近，很快就在康涅狄格州和马萨诸塞州专门为生产精油而种植。位于辣薄荷农场附近的精油小贩传播辣薄荷精油的福音。19 世纪中期，雄心勃勃的年轻人想要看看世界顺便赚点钱，于是拖着旅行箱或者背上背篓开始了自己的旅行，里面是用结实的小瓶装的薄荷、香柠檬、苦味药和其他待出售的零碎物品。在穿过新英格兰并进入纽约州北部后，他们谋生成功，并最终使精油产业扩展到新的领地。1891 年，有远见的化学家阿尔伯特·M. 托德（Albert M. Todd）开始在密歇根州的卡拉马祖生产薄荷精油，他的"水晶白"（crystal white）薄荷让他成为辣薄荷之王——而他建立的公司至今仍在销售薄荷产品。薄荷精油是生产和使用最广泛的精油之一，用在食品以及牙膏等产品中，也是薄荷醇的来源。俄勒冈州和华盛顿州如今是美国的薄荷精油生产中心。田野薄荷（*Mentha arvensis*）在中国和日本是野生植物，因其叶片富含薄荷醇得到栽培。在英格兰，人们种植米查姆薄荷（Mitcham）并提取出米查姆辣薄荷油（又称黑米查姆油），这是一种浓郁而甜美的精油，复杂而饱满，主要用于高端产品。[1]

原产于地中海生境的南欧丹参（*Salvia sclarea*）可以生产一种很受欢迎的精油，这种植物还与烟草种在一起，用来调整烟草制品的口味。在 20 世纪 50 年代的某个时候，北卡罗来纳州的雷诺兹烟草公司（R. J. Reynolds）发现南欧丹参的提取物为香烟增添了一种理想的香气，可以帮助再现进口烟草较温和的风味，这令该公司能够控制香烟的价格和品质。1958 年，雷诺兹烟草公司获得了在香烟中使用南欧丹参以强化本地烟草香气和风味的专利。该公司还开始在北卡罗来纳州东部试验种植南欧丹参，该地区至今仍在种植这种植物，既用于烟草业，也用于生产一种名为"硬尾醇"的化学原料，硬尾醇是合成广受香水产业青睐的某些麝香芳香剂所需的前体物质。[2]

我第一次接触美国东南部的松树是在南卡罗来纳州。作为一个研究项目的一部分，我们乘坐几辆四驱汽车前往一片长叶松（*Pinus palustris*）森林，在那里给鸟巢中的燕尾鸢（*Elanoides forficatus*）幼鸟佩戴环志。我们刚一下车，我的同事就递给我一卷胶带，教我如何把自己的裤子塞进靴子里，再用胶带把它们粘上：长叶松生态系统中有高高的草丛，里面到处都是羔螨和蜱虫，胶带就算不能完全阻止它们，至少也有遏制作用。第一次进入南方松林的我并不知道这种令人毛骨悚然的危险。这些高大、纤细的松树有着非常容易倾斜的顶端，燕尾鸢的巢就在那里，我看着成鸟在空中盘旋和呼唤，而另一位同事借助爬树钉鞋和牢固的安全绳爬上一棵高高的树，将幼鸟带下来佩戴环志。燕尾鸢是猛禽中最美丽和最优雅的物种之一，捕食松林中的飞行昆虫和其他小动物。这种一生仅此一次的体验完全值得在密布阴险爬行昆虫的地方冒险，而我很快就掌握了用胶带粘裤子的技术，在高高的草丛中走来走去，一边开展松林中的项目，一边警惕火蚁的巢穴（南方的另一种危险）。但伴随这些烦恼的是欣赏罕见之美的机会，我听到许多鸟鸣，看到啄木鸟和茶隼在高高的树上筑巢，而且还发现一对偶尔才会在树林里的小池塘中筑巢的林鸳鸯。你可以知道红顶啄木鸟（*Leuconotopicus borealis*）在哪里筑巢，它们会去寻找较老的松树，这些树的心材最多，而心材可以被挖出以作为巢穴的空腔。心材的挖掘会产生明显的树脂流动，这些树脂会覆盖巢穴下方的树干，阻止鼠蛇等掠食者。

粘在手上的树脂让我想起那天剩下时间里我在森林中散步。像这样的树脂，连同树上的木材，是早期美洲殖民地的经济驱动力，也是这样的森林大面积消失的原因之一。松节油来自东海岸一望无际的松林，是最早在美洲殖民地提取的精油之一，而且至今仍是香精香料的重要来源。从树干高大笔直的北美乔松（*Pinus strobus*）开始，人们沿着东海岸砍伐这些树木。在殖民地时期，英国人开始大规模采伐丰富的原始森林，以满足对桅杆和海军造船方面的需求。随着高大的老树被移走，地方当局为了建造海军舰艇，试图将那些最大的树据为己有。这样做的结果之一是 1772 年新罕布什尔州的松树暴动（Pine Tree Riot），这是茶党叛乱和美国独立鲜为人知的前兆。除了为造船业提供高大笔直的树干，早期殖民者还冒险进入森林深处，从包括北美乔松、湿地松（*P. elliottii*）和长叶松在内的松树中采集黏性树脂，为海军用品行业（英国皇家海军使用松树制品）和在世界各地海洋中航行的许多木船提供原料。

定居者还采集用作药物和跳蚤驱避剂的树脂，也采集焦油和沥青供自己使用。在 400 多年的时间里，采集松脂的活动一直在北美沿海的广阔松林中进行。树脂或树胶的采集发生在树林深处，工人住在那里的营地中，并跟随树木的可采状况搬迁，而且他们一直处于贫困状态，负债累累，任由监工摆布。树脂的采集方法是割断树皮插入木头，令树脂沿着树干表面滴落到一个木盒中。工人常常没有什么技巧，也没有人考虑森林的健康——树干被深深地切割并受到伤害，为昆虫和病害的入侵留下入口。一旦开采完一片区域，松节油营地就会转移，将受到伤害的树木抛在身后：较早时期，人们没有为获得木材而砍伐它们，因为周围有茂盛的原始森林。除了树脂，还可以从伐木留下的树桩里提取松节油和松香。有时松木被堆入窑中并用泥土覆盖，然后用小火加热逼出焦油。操作这些蒸馏器意味着在焦油上走来走去，这让北卡罗来纳人得到了"焦油脚人"的绰号，而北卡罗来纳州也被称为"焦油脚州"。如今，任何在造纸厂附近旅行或居住过的人都可能闻到过在造纸过程中使用硫酸盐制浆法时散发出的臭味，这种制浆法会产生硫酸盐松节油。这种形式的松节油是从木屑中回收的，而且是合成香堇酮等芳香物质、风味成分及维生素 A、E 和 K 的重要原料，这种合成是通过对萜烯成分的化学改变实现的。[3]

树脂可能会从柯巴脂树种的叶片中喷出以抵御小型草食性跳甲，在乳香树的树干上渗出精致的液滴以愈合伤口，松树渗出的液滴则会滴落和流动，对小蠹的攻击做出反应。在北美西部和东南部的针叶林中，小蠹和松树之间的战斗存在一系列高度协调的步骤。各个物种的小蠹将在树上定居并开始对树进行攻击，蛀进树干，而松树的反应是释放液态树脂以驱赶这些甲虫。为了攻克这种防御，小蠹释放出一种聚集信息素来召唤同类增援，这些同类也会开始攻击。树释放更多树脂，然后更多甲虫前来攻击，直到一方最终获胜。有时树成功赶走这些甲虫，有时这些甲虫获得胜利，开始在树中挖洞。太多的甲虫会将树的资源消耗殆尽，所以获胜的甲虫一旦定居下来，就会释放抗聚集激素，让其他甲虫避而远之。这些无处可去的甲虫可能会找到附近的树，再次重复这个过程。雌性小蠹钻进树里，在树皮下面挖出隧道并在里面产卵，幼虫在隧道中孵化并长成成虫。这些甲虫造成的损伤以及伴随它们的真菌病原体引起的病害对树木常常是致命的。树中的树脂和小蠹释放的信息素都含有大量萜烯，其中包括马鞭草酮，它具有樟脑气味、绿叶香调和类似芹菜的芳香。[4]小蠹也攻击世界各地的其他针叶树，并且可能对全世界的针叶林造成严重破坏。全球变暖加剧了这种状况，因为温度升高对这些针叶树造成环境胁迫，而且减少了可以冻死这些甲虫的低温。

据估计，长叶松原始森林曾覆盖美国东南部大约9000万英亩的土地，而如今原始森林的占地面积只有1000英亩左右，而次生林也只有200万英亩。采集松脂并不是造成这些损失的全部原因：毁林造田、城市发展、火灾扑救、小蠹、气候变化和建筑用材也给这些松林带来了挑战。松林是火灾驱动系统，需要不时发生火灾来清除灌木丛、控制相互竞争的植被，以及刺激松树种子发芽。长叶松的幼苗期长达数年，在此期间它们一点也不像松树，更像是一丛草，同时长出一条大的主根来维持接下来的阶段。接下来幼苗长成树苗，它基本上是一根又长又细的树干，长长的松针生长在顶端，好像瓶刷，这样的结构可以让顶端远离可能发生的任何火灾。然后是高大雄伟的松树，其中有自由流动的树脂、红顶啄木鸟的巢，而高草丛和池塘里生活着各种各样的野生动物。虽然你可能会在南卡罗来纳州等地看到超过500万英亩的松树，但它们大多数是人工林，由排列成行的火炬松（*Pinus taeda*）或湿地松按照玉米田的方式种植而成，人类在此收获木材产品。[5]

虽然我们大多数人并不会将针叶树看作香水成分，但不少人可能会联想到林地和森林、四季和假期、熏香和树脂，或者只是用针叶树为某种香味增添清新的绿叶气息。在这些树木生长的地方还有户外的香味。日本有所谓的森林浴，意思很简单，就是在大自然中心境平和、毫无烦扰地度过时光。你不必真的在针叶林中沐浴——既不需要将自己浸入水中也不一定非得走在针叶树下，但针叶树常常会提供似乎适合这种活动的那种庄严的宁静。几乎任何林地似乎都可以提供这种宁静。指导方针简单而灵活：找一些树，无论是在幽深的森林还是城市公园里，然后在里面散步或者坐下大约半个小时，甚至还可以冥想。取决于你生活在什么地方，有哪些类型的针叶树可供造访和欣赏。

我曾经在以约翰·缪尔（John Muir）的名字命名的加利福尼亚州保护区内见过北美红杉，在内华达州的一座山脉徒步旅行时触摸到一棵古老的长寿松，在南卡罗来纳州的长叶松林中躲避恙螨，还曾在犹他州南部一棵不起眼的科罗拉多果松下寻找松子。针叶树是一类古老的常绿乔木和灌木，其叶片为针状或鳞片状，能够产带种子的球果——它们常常富含树脂，而且它们的花粉很独特并随风传播。针叶树在这个世界上已有超过 2.5 亿年的历史，分布于世界各地，为许多国家公园或保护区增光添彩；尽管如此，在一共 630 个针叶树物种中，大约 1/3 被认为正在受到威胁或者易受伤害。我们给它们起了反映其年龄或高度的名字：想想一棵名为玛士撒拉（Methuselah）*的长寿松，它的树龄超过 4800 年；参议员，是生长在佛罗里达州的一棵池杉，活了大约 3500 年，直到一位女士决定在它的树洞里抽烟；老吉科（Old Tjikko），瑞典的一棵欧洲云杉，是一株活了 9550 年的克隆体；曾祖父，是智利的一棵大约 3600 岁的智利乔柏；一棵在伊朗或许生长了 4000 年的地中海柏木，名叫阿巴尔古之柏（Sarv-e Abarkuh）；以及全世界最大的树谢尔曼将军（General Sherman），其是位于加州的一棵巨杉，高达 275 英尺，基部直径超过 36 英尺。这些创纪录的树高大威猛，历史悠久，但它们很容易受到全球性挑战的伤害，包括过度采伐、害虫、气候变化、旅游和践踏、毁林造田、放牧以及火灾。这些树有很多来自火灾驱动系统，需要火灾才能萌发，但人类的干涉和道路建设导致可燃物在树下堆积，火灾一旦发生，就会变得十分剧烈，而气候变化加剧了这种脆弱性，我正在写这本书时发生在澳大利亚、美国加利福尼亚州和太平洋西北地区的毁灭性火灾就是明证。在数百个针叶树物种中，有几个类群为我们提供芳香产品或者沉思安宁之地。下面的清单列出了一些针叶树物种的样本，以激发你对更多针叶树的兴趣，无论你是在户外树林里造访它们还是在室内阅读野外

---

* 《圣经》中的人物，据记载活了 969 岁，为古代最长寿的人。

指南。也许我们可以暂停下来，花点时间想象自己置身于某个位于青翠树下或者宁静水边的户外场所，来一场小小的虚拟森林浴。[6]

松树

也许是它们的年龄、位置，或者只是风穿过树枝发出的声音，无论是什么，古老的长寿松（*Pinus longaeva*）都让我们感到内心安宁。虽然它们遍布美国西部加利福尼亚州和内华达州的干旱山区而且相当常见，但这种古老虬曲的树木被我们珍视和铭记。通常在徒步穿越巨石和灌木丛后才能看到它们，而在内华达州的大盆地国家公园（Great Basin National Park），它们的种群形成了一片小树林，坐落在一座由冰川雕刻而成且被沙漠环绕的壮丽山峰脚下。长寿松的衰老非常缓慢，它们会牺牲自己的一部分以保持其他部分的生命力，因此很多老树看起来基本上是一截枯木，只剩下一层窄窄的树皮令树木保持活力。木头死去时变得坚硬而光滑，就像周围的石头一样。除了长寿松，在整个北半球还有大约100个松树类物种，它们生长在一系列生境中，这些地方通常有周期性的大规模火灾。正如我们所见，它们是拥有重要经济意义的物种，主要用于收获木材和造纸，但也可以提供树脂和可食用的种子。松香味希腊葡萄酒是使用阿勒颇松（*P. halepensis*）

的树脂酿造的饮品，来自科罗拉多果松（*P. edulis*）的美味松子是早期美洲原住民不可或缺的食物，而对于喜欢用青酱搭配意大利面的人而言，来自其他物种的松子同样不可或缺。从较小的盆景到庞大的巨杉和生长迅速的湿地松，再到古老的长寿松，松树遍布世界各地并呈现各种形态。只需要站在一片松林中，似乎就能触及所有感官：吹过树枝的风簌簌作响，鼻腔和胸膛充满清新的气味，树皮粗糙且有黏性，虬劲多瘤的树干因为衰老或大风而弯曲，显得十分壮观。

冷杉

在墨西哥南部，神圣冷杉（*Abies religiosa*）生长在山区的特定海拔范围内，创造出具有理想小气候的树林，庇护数百万只迁徙至此并在树上过冬的帝王蝶（*Danaus plexippus*）。该地适宜的湿度防止这些蝴蝶脱水，而温度也恰到好处，可以让它们成群结队地悬挂在树上，无须耗费能量来保暖。墨西哥当局和保育团体正在努力保护这些森林和脆弱的蝴蝶，同时也允许进行传统的采伐活动。一个项目专门帮助当地妇女修剪这些树，收集树枝用来编织圣诞花环并出售以补贴收入。香脂冷杉（*A. balsamea*）遍布北美洲北部，在那里它们很受人类欢迎，用于建筑工程和制作圣诞树，并为野生动物提供食物和庇护所。驼鹿、鹿、松鼠和其他小型哺乳动物躲

168

藏在树林里；鸟在树枝上筑巢，吃芽上的虫子；芽和枝条末梢还是哺乳动物的食物，尤其是驼鹿，云杉松鸡、披肩榛鸡等鸟类也以它们为食。树脂可以干燥成透明的薄膜，用于将观察对象固定在显微镜载玻片上。对于香水产业，这种树可用来生产一种精致的溶剂提取净油，它呈深绿色，质地浓稠，香味浓烈，而且带有一种被许多人描述为果酱味的甜香气味。如果你有幸闻过它的气味，那是最好的常绿树的芳香，带有清新的户外味道，也许还有一点点幽深树影的感觉——而且仿佛有驼鹿在树下睡觉，此外它还有淡淡的树脂香子兰风味，这种美妙的芳香会让你觉得如果将它滴在覆盆子酱和优质面包上的话，也许真的会很棒。

雪松

真正的雪松包括千百年来因其芬芳的木材和庄严的外观而受到重视的树木。真正的雪松只有两个物种：一个是雪松（*Cedrus deodara*），又名喜马拉雅雪松，生长在喜马拉雅山脉西部，它是当地森林中最壮丽的树；另一个物种是黎巴嫩雪松（*C. libani*），原产地中海地区。喜马拉雅雪松在印地语中又名"devadaru"，意为众神之树，这可能源自其木材有类似熏香的香味。木屑和锯末经过蒸馏，可产生一种具有锐利而优雅风味的精油，气味就像典型的雪松，但带有一点甜味和樟脑气味。黎巴嫩人长期以来都十分珍视其雄伟的雪松，这种树的木材自古埃及时代以来就得到使用并用于建造所罗门圣殿。大规模采伐导致罗马皇帝哈德良划定了边界来保护这些树，而今天的黎巴嫩政府正在试图效仿这种保护措施。[7]北非雪松是生长在摩洛哥和阿尔及利亚山区的一个亚种，可生产一种与喜马拉雅雪松精油类似的精油。在日本，日本扁柏（*Chamaecyparis obtusa*）用于制造浴缸，并用来生产一种可爱的清淡木质香调精油，还略带一点锐利的绿叶香调。

落羽杉

在美国东南部的高地松林之间，流淌着维持森林湿地的黑水河流。河水呈棕色，含有单宁和酸，水里生活着大量昆虫和水生动物，如果你恰好在这些河边的沙洲上露营，蛙的鸣叫和蚊子的嗡嗡声会吵得你难以入睡。落羽杉（*Taxodium distichum* var. *distichum*）的巨大树干上有起支撑作用的板状根，地下根系上方还有伸出水面的"膝状根"。这种树为森林提供基础结构并庇护鸟类。最近的研究发现，生活在北卡罗来纳州森林湿地中的落羽杉拥有超过 2000 年的树龄。池杉（*T. distichum* var. *imbricarium*）是一个变种，生长在偶尔干涸的较浅水体中。

南洋杉科

新西兰贝壳杉（*Agathis australis*）原产新西兰，它们的树干极为高大和笔直，非常适合被毛利原住民拿来建造独木舟，而渗出的树胶被用于生火，燃烧产生的烟灰用于文身。这些巨大的树木在新西兰的多个森林保护区内受到保护，但它们会被一种名为颈腐病的疾病感染，这种病害很少存在于保护区之外。在新西兰现存最大的贝壳杉林中，名为森林之神（Tāne Mahuta）和森林之父（Te Matua Ngahere）的两棵树已经成了旅游景点。1994 年，瓦勒迈杉（*Wollemia nobilis*）在澳大利亚新南威尔士州的瓦勒迈国家公园内被发现或者说被重新发现，它是公认的活化石，代表着 6500 多万年前生活在世界上的一个物种。澳大利亚政府迅速限制参观并对该地点保密，以保护这些树免遭践踏和人为传播病害的侵扰，还积极地将种子发送给世界各地的植物园希望种出树木以保存该物种。当澳大利亚在 2019 年末 2020 年初发生火灾时，报纸报道了消防员为了保护这些树在秘密树林中所做的努力，这些措施协调一致而且迄今为止是成功的。

刺柏

欧洲和北美的刺柏属树木都拥有气味芳香的木材，用于制造铅笔和存放衣物，因为这些木材耐用且防虫。刺柏的果实[*]被用来为杜松子酒调味，并且可以制成一种具有锐利和干燥感的精油，我喜欢将它和柑橘皮油混合使用，为甜味增加一点刺激的味道。

崖柏

北美香柏（*Thuja occidentalis*）原产加拿大东部和美国，由一群进入加拿大的探险家命名，他们当时正罹患坏血病。据说饮用树叶制成的茶治好了这群人，于是他们称它为"生命之树"。在日本，本土崖柏属植物日本香柏（*Thuja standishii*）是用于建造神道教神社的几种树木之一，目前被人工种植在种植园中，以获取其带有淡淡香味的有用木材。崖柏属植物可生产精油，但是它们可能含有侧柏酮，这种物质也存在于苦艾中，是苦艾酒的成分，还存在于鼠尾草中。建议谨慎摄入或使用含侧柏酮的产品。

红豆杉

红豆杉（*Taxus sp.*）属于最古老的针叶树类群之一，有些个体真的非常古老。在威尔士小镇迪芬那哥（Defynnog）的

---

* 即杜松子。

圣新那哥（Saint Cynog）教堂墓地中，生长着一棵树龄可能有 5000 年的红豆杉。红豆杉会产生一种名为紫杉碱的致命毒素，在阿加莎·克里斯蒂（Agatha Christie）的侦探小说《黑麦奇案》（*A Pocket Full of Rye*）中，凶手就是用这种毒药作案的：凶手用英国橘子酱掩盖它的苦味，而这种橘子酱是用酸橙的苦味橙皮制成的。克里斯蒂曾担任药剂师助手，后来在两次世界大战期间担任配药师，熟悉 20 世纪初的药物和毒药。红豆杉（yew）柔韧耐用的木材曾被用来为英格兰和中世纪欧洲的弓箭手制作长弓，弓箭手的另一个名字"yeomen"（"yew"和"men"合成并稍加变形）就是由此而来的。

红杉

红杉树仅分为两个物种。北美红杉（*Sequoia sempervirens*）生长在加利福尼亚州沿海地区，依赖飘向内陆的雾气获得水分，并达到创纪录的尺寸，高达 367 英尺，底部直径为 30 英尺。作为火灾驱动系统中的植物，北美红杉善于在火灾后重新发芽，包括从被烧死的残桩（和伐木留下的木桩）上重新发芽，这令它们在树干上形成独特的树瘤。它们将巨大的树干从山谷伸向天空，创造出与恐龙相称的侏罗纪公园般的树林，这些树干如此庞大，以至于当美国伐木工人发现它们的时候，五个人花了三周时间才砍倒一棵。人们前来观看这些

172

巨木，将伐木留下的树桩当作舞池跳华尔兹，或者驾驶汽车穿过被挖空的树干。加州很早就被赋予了处置这些树的权力，而西奥多·罗斯福（Theodore Roosevelt）总统在博物学家约翰·缪尔（John Muir）的启发和敦促下签署了保护树木所在地区的条约。巨杉（*Sequoiadendron giganteum*）是巨大的红杉，生长在加州中部的内华达山脉：它同样巨大且令人难忘，需要生长100年才能成材。2020年和2021年发生在加州中部的自然火灾非常极端，摧毁了数量不详的巨杉，它们数千年的适应性被气候变化造成的干旱和极端火灾攻破。2021年，在红杉国家公园，公园维护人员和消防员将部分红杉的树干包裹起来，这些红杉据估计位居全世界最古老、最高大的树木之列。株高275英尺、树龄长达2700年的谢尔曼将军也在其中。

罗汉松

罗汉松属树木主要分布在南半球，并在许多太平洋岛屿上找到了自己的家园。在针叶树类群中，该属的物种数量仅次于松属。与在干燥土壤中形成均匀林分的松树不同，罗汉松常常出现在湿润或潮湿的森林中，并分散在其他类型的树木之间。它们不像松树那样有坚硬的木质球果，而是结出柔软的浆果状球果，以吸引有助于传播种子的鸟类和哺乳动物，而且它们的叶子与针叶不同，又长又窄。

现在，走出门吧，去寻找当地的针叶树，来一次远足，尽情沉浸在森林浴中，然后回家，捣碎一点薄荷并加到你最喜欢的饮料中。享用吧！

Bearded Iris
Iris germanica

德国鸢尾的花和花蕾

10 香水的香调

在芳香产业完善从松树中提取芳香族化合物的技术之前，法国南部小城格拉斯是芳香成分的生产中心，而且如今依然是。从植物中提取芳香物质并使用它们是很复杂的过程，这意味着在历史上的大部分时间里，香水都是大富大贵之人的专属，使用者常常是王室成员，他们拥有自己的炼金术士，委托这些人从花、木材、香料、香草和麝香中提取和创造芳香。因此，香水散发花、木材、香料、香草和麝香的气味，但最常见的是花和麝香的气味，其比例取决于你是女王还是浪荡公子。此外，还有带香味的手套，它们大量使用——你猜对了——香料、花、木材和麝香的气味掩盖鞣制皮革的原始气味。在蓝色地中海附近和格拉斯周围的石灰岩山脉中生长着薰衣草和长势旺盛的茉莉，手套制造商使用芳香产品处理皮革，并为包括凯瑟琳·德·美第奇（Catherine de' Medici）在内的富人和贵族客户制作香味手套。由于这个行业为如此显赫的客户提供服务，它的重要性日益提高，并在1724年成立了手套制造商协会。手套制造商使用的配方可能类似于一个制造芳香皮革——名为"西班牙皮革"（Peau d'Espagne）——的老配方，需要先将玫瑰油、橙花、檀香、薰衣草、马鞭草、香柠檬、丁子香、肉桂和安息香树胶混合在一起，用混合物浸泡皮革。然后用研钵和杵将麝猫香和麝香与黄芪胶一起研磨，并加入浸泡皮革剩下的液体中，制成糊状物。这种糊状物可以放在两张经过浸泡的皮革之间并压至干燥，从而令皮革散发持久的香味。[1]

不久之后，香水制造取代了手套制造，各个公司使用来自周围山区的芳香材料和在当地田间生长良好的花卉建起自己的商业王朝。人们建立大型花卉农场并建造工厂，为法国香水制造商供应原材料，有些公司至今仍在运营。格拉斯成为香水制造业中心，这里种植着茉莉、堇菜和晚香玉，并且拥有制作和营销标志性香水所需的某种难以名状的特性。这座城市如今是香水制造的三个阶段（栽培、加工植物和调制香水）的中心，但它也是一种不可替代的生态系统的代表。2018年11月，随着格拉斯山被列入《人类非物质文化遗产代表名录》，那里的技术和知识得到了联合国教科文组织的认可。引用联合国教科文组织的话，"该活动涉及在格拉斯地区活文化遗产协会（Association du Patrimoine Vivant du Pays de

Grasse）的领导下联合起来的广泛社区和群体。在格拉斯地区长期以皮革鞣制为主流的手工业中，种植和加工香料植物并创造芳香混合物的活动至少从 16 世纪就已经发展起来"。该通告还认识到，令格拉斯获得这一荣誉除了需要具备技术能力，还需要具有想象力、记忆力和创造力。[2]

调香师常常使用三种香调，包括前调（top）、中调（heart）和尾调（base），这种配方赋予香水以结构和趣味。柑橘香味以其清新和简单吸引人；它们往往也是短暂的，非常适合作为香水的前调，起到先声夺人的作用。其他前调可能使用黑胡椒或小豆蔻等香料以及芫荽和龙蒿等香草。感官之美来自中调，在柑橘香调飘散之后，茉莉、橙花和蔷薇等花香渐次展开，有时精致，有时带着一股冲击力。木质、树脂和麝香构成持久的尾调，在法语中称为"fond"，意思是背景或实质，它对于香水的构成必不可少。对于本书讲述的芳香故事的下一部分，我将像调香师调制香水一样，从灵动的柑橘前调开始。

对于香水而言，如果说深沉甘美的花香是美女而麝香是野兽的话，那么柑橘香调就是系在香水上的小小蝴蝶结，令其呈现完美状态。在喷香水时，一抹柑橘前调向你致以轻松愉悦的问候。喷出的香水向前飘荡时，甜橙、橘子、香柠檬、葡萄柚和来檬的香气处于最佳状态，为你提供自己最喜欢的香水的开场香调。柑橘类的气味主要由萜烯组成，而且不同物种都具有可识别的新鲜柑橘香气，但赋予每个物种各自特异芳香的是更微妙的微量芳香物质。例如，柚子（一种像葡萄柚的大型柑橘）、橙子和橘子的果皮油中都具有相似的成分，其中高达 97% 的成分是萜烯，例如有柠檬香气的柠檬烯和柠檬醛。剩下的 2% ~ 3% 可能是多达 40 种的次要成分，它们创造了每种水果特有的芳香和味道，就像是某种香水带有令人意想不到的重点香调。来自柑橘家族的精油按照传统是从果皮中冷榨出来的——想想剥开新鲜橙子时喷出的芳香油，这意味着它们不会在蒸馏的作用下发生改变。在古代，人们手工刮出这些水果中的芳香油，然后用海绵进行收集；到了近代，人们开始用机械锉刀将芳香油从果皮中分离出来。如今，柑橘皮油常常是果汁行业的副产品，可以从压榨果汁中分离出来，以这种方式生产可以令其保持较低的价格并成为柑橘产业的增值产品。[3]

驾车行驶在佛罗里达州时，人们常常会看到一排排深绿色的低矮柑橘树形成的树林。在一年当中的某些时候，会有橙子点缀在这些经济果树的枝叶间。几年前，我曾在奥基乔比湖（Lake Okeechobee）附近的一片自然区域徒步，那里有茂密的棕榈树和树上挂着松萝凤梨的弗吉尼亚栎。我惊讶地发现同样的绿色柑橘树生长于此，并且点缀着鲜艳的橙色果实。这些树结的橙子是酸的，很可能是酸橙（*Citrus × aurantium*），它们是生长在佛罗里达州的庭院柑橘的后代，一开始是作为砧木种植的，用来嫁接更娇弱的甜橙。很多时候，甜橙的树干和树枝已经枯萎死亡，而酸橙的树根会萌发并茁壮生长，长出一棵新树并开花结果，将自己的种子四处播撒，不只是在佛罗里达州境内，还扩散到了美国东南部的其他地区。房主有时会惊讶地发现自己的甜橙树停止结甜橙，开始长出无法食用的小果实，而这最有可能是甜橙树枯死而酸橙树从树根再生的结果。也许有些人会喜欢酸橙树散发美妙芳香的花，并学着用果皮制作橘子酱，因为果实不可食用。酸橙油被用来制作柑曼怡（Grand Marnier）和库拉索（Curaçao）等利口酒，人们还会种植一些酸橙，用它们的果实、叶片和花生产商用精油。酸橙是橙花精油的来源，橙花精油在英文中名为"neroli"，命名自 17 世纪的一位公主，内罗拉的玛丽·安妮（Marie Anne of Nerola），据说她用这种精油为自己的手套和浴缸增添香味。从香水瓶中喷出来时，橙花精油的芳香完美地捕捉了混合着清新和力量感的花香香调、柑橘香调和绿叶香调，但并没有完全捕捉到酸橙树花朵盛开时所散发出的诱惑感。我的邻居家就有一棵酸橙树，在一个温暖的春日黎明，我从缀满花朵的树上摘下橙花，那真是令人难忘的回忆。没有橙花油的古龙水 * 就不是古龙水，尤其是那款名叫 4711 的古龙水，它是最早的古龙水之一，使用的是来自德国科隆的一个拥有 200 年历史的配方。除了花，叶片、茎尖和刚发育的小果实还可以生产橙叶油（petitgrain oil），"petitgrain" 的字面意思就是小果实。它是一种有吸引力的精油，与更昂贵的橙花精油足够相似，以至于会被人用来作假。它也可以单独使用，会提供一种很不错的木质香调。[4]

在意大利南方的卡拉布里亚海岸（Calabrian coast），人们仅仅为了得到香柠檬（*Citrus × bergamia*，英文名 bergamot）** 的果皮而种植它们，那里的风土和天气条件造就了最好的果实。[5] 香柠檬可能是酸橙被柠檬或类似物种受粉产生的后代，它的果实很大，表面有褶皱，形状像柠檬，基本不能食用，但它们为芳香产业贡献了一种美丽而无价的精油。香柠檬精油（来自果皮）的香味很复杂，直冲鼻腔的绿色锐利感先来吸引你的注意，但很快就会缓和下来并变成某种柑橘香味，主要是深邃且新鲜的花香，有点像橙花，但更像是果实本身的味道。在古龙水和香水的制作中，香柠檬是一种历史悠久且重要的精油，它很适合与薰衣草搭配，因为它们的甜、酸、

---

* 古龙水（cologne）以源自科隆（Cologne）得名，更 "准确" 的名字也许应该是科隆水。

** 这个名字常被误译为佛手柑并广泛使用，但其实真正的佛手柑是柑橘属另一物种香橼的一种特殊形态，见页边码 181。

药和花香气味令彼此相得益彰。将它们共同放进一个瓶子里，并在乳香味木质尾调基础上加入一些淡淡的花香，如带有淡淡茉莉花香的橙花精油，你就得到了一款芬芳的古龙水。包括香水在内，香柠檬应谨慎使用在身体产品中，因为其中名为香柠檬烯的成分具有光毒性，它是一种呋喃香豆素，涂抹在皮肤上再暴露在阳光下就会引起皮炎。香料皮炎（berloque dermatitis）是由于反复接触这些化合物（即使是稀释的）导致的炎症，不过为了皮肤安全，可以从精油中去除呋喃香豆素。来檬皮精油也可能导致皮炎，在阳光明媚的日子里调制玛格丽塔鸡尾酒的调酒师需要小心一点，以免因为用手挤来檬汁或柠檬汁患上玛格丽塔皮炎（margarita dermatitis）。

让我们回过头来看看现代柑橘的进化和祖先。这是一场复杂的搜索，涉及柚子（*Citrus maxima*）和橘子（*C. reticulata*），柚子就像是巨大而味甜的葡萄柚，果皮非常厚。但接下来就像月季育种一样，家族谱系变得非常复杂并迷失在悠悠岁月中。肯定存在相当多的无性繁殖、砧木嫁接、对芽变或突变的选择，以及针对目标性状的来回繁育。柚子是从东南亚传到美国的。[6]如果你曾见到一个巨大的形似葡萄柚的果实，但是比葡萄柚更大而且有些扁平，那它很可能就是柚子，而且值得费劲剥去果皮，享用里面的果肉。也许你只会吃一次，也许从此你会上瘾。果皮的厚度超过半英寸，而我还没有找到将果肉和果皮分离的好方法，但是完全可以将果实整个切开，像吃西瓜一样吃掉甜美、开胃的果肉。还可以保留一点果皮来享受它的气味。橘子是这棵家族树的另一个分支，与硕大的柚子不同，它很小。橘子的驯化品种味甜且易剥皮。橘皮油通常是冷榨得到的精油，而且与果实一样甜美清新，但是必须在数月之内使用，否则就会失去宜人的特性，变得有点锐利和苦涩。有些橘皮油在用酒精稀释后会发出蓝色荧光，这是因为其中存在 N-甲基邻氨基苯甲酸甲酯，这种化合物有一种类似葡萄和苏打水混合的花香味，但是至少对一部分人而言，它闻起来有一点发霉的气味。

香橼（*Citrus medica*）是一种芳香的柑橘，可能起源于喜马拉雅山脉脚下的印度，而且很可能是泰奥弗拉斯托斯提到的金苹果或波斯苹果。作为一个古老的种类，它被认为是现代栽培类型的祖先之一，与柚子和橘子共同参与杂交培育，形成了三个类群：来檬和柠檬、葡萄柚，以及甜橙和酸橙。佛教和印度教神祇俱毗罗（Kubera）呈手持香橼的形象，而印度教神祇犍尼萨（Ganesh）也和这种水果有联系。香橼在希伯来语中名为"伊特劳格"（Etrog），会在犹太人的住棚节期间使用。我最喜欢的一种名叫佛手柑，它是香橼的一种形态，也有芳香，而且有许多手指，令人想起佛陀的手掌。果皮是最棒的部分，内部基本不可食用，可以将一两个果实放在碗里，为整个房间增添香气，这种香气基本上是花香的味道，只带有一抹淡淡的柑橘芳香。

如果你仔细观察橙子的果皮，或者迎着阳光举起一片来檬叶，你会看到充满芳香油的小泡。就像我的那棵小来檬树一样，你还可能在树叶上看到一些很像鸟粪的迷你毛毛虫，它们是美洲大芷凤蝶（*Papilio cresphontes*）的幼虫。我种在前院花盆里的小来檬树看上去与任何其他种类的柑橘类植物都相去甚远，但优雅的雌蝶每年都会找到它，在树叶上方飞舞。它会快速俯冲下来，每次将一个卵产在气味芬芳的新叶上。它和许多其他蝴蝶一样，循着来檬树散发的芳香气息为幼虫寻找完美的宿主。在生长过程中，这些毛毛虫会保持斑驳的棕色和白色，但也会长出硕大的胸部，看上去像是蛇头，尽管是小蛇的头。但这还没完。如果你去戳这些看起来有点危险的小生物，它们会立即从头上伸出一个颜色鲜艳的腺体，名叫臭角（osmeterium），这个腺体形似蛇的舌头，并分泌出一股由各种萜烯组成的强烈芳香。这些萜烯来自毛毛虫食物中的树叶，也从它们的粪便中排出，在蝴蝶饲养室里喂养了几只毛毛虫后，我发现了这一点。当这些生物将大量粪便留在饲养室底部时，会飘出一股强烈且带泥土味的柑橘芳香，并夹杂着一抹我只能描述为毛毛虫麝香的气味。

当我在香水课上打开一小瓶素馨精油时，即使它的浓度已经被稀释到10%，香味弥漫到空气中也只需要短短几秒钟。

它饱满、浓郁、温暖，有些压倒性，毫不客气的花香点缀着非常微妙的泥土甚至是粪便气息，以及一点蜂蜜香味。更有冒险精神的学生——常常是熟悉天然成分的学生——会喜欢这种浓郁的香气。不那么喜欢冒险的学生也能创造不错的香水，但是也许它的中调缺乏维度或者稍显平淡，通常可以说服这些学生添加一点茉莉。即使添加的量少得闻不出它的气味，茉莉也能带来巨大的改变，为香水增添圆润感或丰满感。用溶剂提取法获得的茉莉净油是三大香水成分之一，而且法国人有一句很著名的话，"没有茉莉，不成香水"。*我同意。7

大约有200个茉莉类物种原产于旧大陆热带地区，大多数物种都开白花，或者白色中带有粉晕或黄晕。很多种类拥有长长的管状花冠，适宜蛾类传粉，很多种类还有深色肉质果实，可由鸟类传播。可爱的花和漂亮的绿叶令它们成为受欢迎的花园植物，以栽培品种的形式出现在世界各地。和许多

---

* 英文将包括茉莉花（*Jasminum sambac*）在内的所有素馨属（*Jasminum*）物种统称为"jasmine"，本书考虑到语言习惯，将泛指素馨属植物的地方都译为茉莉，指明具体物种的除外。

有香味且珍贵的植物一样，茉莉在摩尔人占领期间被阿拉伯人带到西班牙并种在自己的花园里。英国人也很快喜欢上了这种植物，很多花园都种上了茉莉。茉莉激发了诗人和画家、调香师和制茶师的灵感，而对于调香师而言，它是终极的白色花朵。素馨（*Jasminum grandiflorum*）的花不能通过蒸馏生产香水使用的精油，但它们持续散发芳香的习性非常适用于脂吸法，或者也可以用溶剂提取出一种净油，后者对于调香师是更实惠的选择。它常被称为"jasmine grandi"*，又名"西班牙茉莉"或"普通茉莉"，而且是在格拉斯种植以生产香水的物种。当我们说到茉莉时，还可能指素方花（*Jasminum officinale*），这是一个略有不同的类型和不一样的物种，又名"诗人茉莉"。对于香水制造业而言，茉莉是早期香水的关键成分之一，包括让·巴杜（Jean Patou）旗下的喜悦香水（Joy）和香奈儿旗下的香奈儿 5 号香水，据报道香奈儿 5 号的原始配方中含有 4% 的茉莉净油。虽然我因为素馨浓郁、放纵的香味而最常使用它，但我也欣赏茉莉花（*J. sambac*）奇特的绿色花香，其中还带有一丝橡胶气味。在为一个男学生授课时，我常常让他闻一闻茉莉净油，出于某种原因，它常常被认为是一种男性化的花香，并且确实受男性的喜爱。至于

*　　拉丁学名缩写而成，这是一种非正式的用法。

更独特的提取物，我们拥有耳叶素馨（*J. auriculatum*）中的吲哚产生的白花香味，以及盈江素馨（*J. flexile*）略带辛辣和清新的净油。耳叶素馨生长在印度，其净油产量不如素馨和茉莉花，但可以成为调香师工具箱的重要补充。虽然它们有许多共同的成分，但每个物种都有独特的构成，例如耳叶素馨中较高的吲哚水平增添了黑暗的花香—粪便香调，而盈江素馨中的水杨酸甲酯带来清新的薄荷风味。素馨拥有浓郁的甜美花香，而茉莉花则拥有更多绿叶和果香香调。[8]

茉莉花的白色花朵构成印度新娘的头饰，还用于制作茉莉花茶。重瓣型的虎头茉莉（Grand Duke of Tuscany）大概是我见过的最美丽的花之一，它看上去像一朵娇小的奶油色月季，数百枚花瓣排列成完美的形状，散发着典型的白花香味，并带有水果、绿枝、小木屑的气味，那是清新而放纵的茉莉花香。茉莉花是菲律宾的国花，它在那里被称为桑帕古塔（sampaguita），并被制成花环和花冠。在夏威夷，茉莉花被称为皮卡克（pikake），单瓣品种用于编织夏威夷花环。早上趁花蕾刚从绿色变成白色时采摘，然后迅速将它们串起来；一个周长约 36 英寸的花环就需要超过 80 个花蕾，而且花环越华丽，需要的花就越多。爪哇人在包括婚礼在内的传统仪式上使用鲜花，而且在名为特隆油（telon）的混合精油中使用三种花——茉莉、蔷薇和依兰。这个组合由三种拥有不同颜

184

色和香气的花组成。茉莉花的白色代表圣洁，香味象征干净柔软的心；蔷薇的红色代表力量，香味象征勇敢诚实的态度；而依兰的黄色代表简洁，香味象征谦逊。依兰的黄色花朵细长，长长的花瓣散发出热带芳香，柔和优雅，略带辛辣。它是另一种必须在热带炎夏的潮湿早晨享受的树，只见形似章鱼的花簇拥在枝头，花瓣围绕绿色的花心伸展开来。[9]

我们在上文中提到过，茉莉的花必须在距离正午还有很长一段时间的早晨收获，而且必须由能够避免损坏花朵的熟练工人采摘，因为花瓣损伤会导致吲哚的释放。吲哚会影响气味，令它比预期的更臭，并且可能导致白色花瓣上出现粉棕色斑点。虽然格拉斯被认为出产了最优质的茉莉，但如今的茉莉大部分来自印度和埃及，这些植物在那里是按照合同种植的，专门用来生产提取物，并为许多当地家庭提供生计。和蔷薇一样，净油的成本主要来自劳动力，需要大约800万朵花才能产出不到5磅的凝香体，可提取出2磅多一点的净油。作为一种极为昂贵的天然成分，如今茉莉花香效果常常是通过人工合成这种花的某些成分来获得的，包括茉莉酮酸甲酯（上文在讲述烟草花时提及的茉莉酮酸酯的一种）、乙酸苄酯、乳白色果味内酯以及吲哚。然而，要想获得真正的茉莉花香效果，就必须使用真正的茉莉提取物，哪怕含量很少但不可或缺。[10]

最近，为了放松一下心情，我在当地一家工坊上了一节黏土手工制作课，并决定使用一块压平的黏土，上面有指导老师印好的漂亮蕾丝图案。图案是可爱的花卉，接下来我愉快地制作了一个杯子，也许是一个花盆，或者是个笔筒？用火烧制后，它的样子看起来有点奇怪，但蕾丝图案显现了出来。我找到一些长春花色的釉料，涂了第一层，然后涂上第二层。花卉图案似乎消失在了均匀的釉色中，我试着再涂上一层中性米色，这有点帮助。这个过程是我自己动手完成的，此时指导老师不在，否则她可能会让我用细尖画笔和深棕色或绿色釉料来勾勒或突出花朵。如果受过古典绘画技法的训练——必须承认这对于我的第一件笨拙的黏土作品而言有点杀鸡焉用牛刀之感，我可能会用中性深色打底，让长春花显得生动起来。受过古典绘画训练的画家会使用多层颜料，一开始是深暖色甚至中性灰色，为最终几层颜料中的丰富色彩赋予深度和对比。这些深色是精心安排的，使第一层的明亮白色石膏变得柔和，并以阴影的形式显露出来，或者在最终的表层颜料下方形成较暗的中间色调。这种暗色调调节着鲜艳和光明，就像盐在烹饪中增加甜味一样，为完成的画作增添巨大的力量。佛兰德画家丹尼尔·赛格斯（Daniel Seghers）以他作于 16 世纪的花卉画而闻名，当我浏览他的作品时，我看到了绚丽的茉莉、芍药、郁金香和鸢尾，它们在黑暗的背景下熠熠生辉，花瓣上充满了明暗交错的细节。我就是这样看待吲哚的——它是凸显光明的黑暗，令茉莉花香丰富悠扬，充满趣味。

在造就茉莉芳香的复杂成分中，三种成分——茉莉酮酸酯、水杨酸甲酯和内酯——相互作用，产生花香、清新气味、浓郁气味和奶油味。微量吲哚的加入令它们变得更加有趣。茉莉会在花中产生名为茉莉酮酸酯的挥发物，这些挥发物是茉莉用于吸引飞蛾吸食花蜜并传粉的白色花香的一部分。如果你是一名研究植物防御或者植物—昆虫互动的植物学家，你一定听说过茉莉酮酸甲酯和茉莉酸。如果你是一名调香师，你肯定听说过一种名为希蒂莺（Hedione）的茉莉酮酸甲酯衍生物。芳香化学家首先分离并描述了这些分子，而植物学家后来发现了它们存在的理由。1957 年，芳香研究者爱德华·德莫尔（Édouard Demole）发现了茉莉酮酸甲酯，他受命在茉莉的成分中寻找某种缺失的东西，而当时已知的茉莉成分还寥寥无几。茉莉净油的产量有限且十分昂贵，但调香师们在大约 80% 的香水中添加了茉莉，哪怕只有一点点。茉莉酮酸甲酯是从产自埃及的素馨中分离出来的，拥有非常"茉莉"的芳香：具体而言，它通过单一分子呈现了特定的花香特征以及茉莉提取物的浓郁感。茉莉酮酸甲酯拥有一种带有脂肪和黄油气息的浓重花香，调香师发现这种香味非常精致，会令人想起茉莉鲜花。后来，人们通过对茉莉酮酸甲酯的氢化（和氢的反应），得到了一种稍微不同的形态——二氢茉莉酮酸甲酯。这种经过改变的形态在闻第一下时香味很淡而且更加微妙，但人们以希腊语中意为愉悦的单词"hedone"将它命名为"希蒂莺"，并用它代替更昂贵的茉莉酮酸甲酯向调香师推广。样品被送往著名香水公司，供它们的调香师评估并希望这种化合物得到认可。这个过程花了许多年的时间，不过调香师爱德蒙德·罗德尼兹卡（Edmond Roudnitska）用2%的希蒂莺为迪奥（Dior）公司打造了"狂野之水"（Eau Sauvage），它的茉莉花香中调混合着柑橘、木质和香草香调，造就了一款新型男士香水。这正是该分子所需要的突破，而如今它因其协调和优雅的效果受到赞赏，哪怕是很小的剂量，也能够为许多类型的香水增添一种微妙的力量，带来柔和的柠檬香调，提供清新、弥漫和绽放的感觉。香精公司如今生产和销售各种形态的茉莉酮酸甲酯，用来在香精和香料中产生不同的效果。[11]

将近 20 年后，植物学家开始研究茉莉酮酸酯（包括茉莉酮酸甲酯和茉莉酸）在植物中的作用，并发现这些化合物可以防御咀嚼式和吸食性食草动物，也用于生物之间的交流。正如我们在烟草中看到的那样，茉莉酮酸酯是植物被食草动物伤害时产生和释放的，而且它们做两件事。首先，它们通过刺激植物产生防御性化合物（例如烟草植株中的神经毒素尼古丁）来引发所谓的直接保护反应；其次，它们与食草动物的掠食者和寄生虫交流。还有第三种作用，附近的植物可以在自身不受损的情况下察觉这些化合物的香味，并对正在发生的危险做出反应。某些植物的茉莉酮酸酯并不会被释放到空气中，而是在植物体内发挥作用，刺激花朵之外的部位额外分泌花蜜，以吸引蚂蚁等捕食性节肢动物前来保护娇嫩的花瓣免遭食草动物的伤害。这意味着茉莉酮酸酯在植物间和植物内的交流中都发挥着作用，而且植物可以通过某种方式区分令它们产生防御性化学物质的信号和分泌花蜜的信号。茉莉酮酸酯还可以帮助植物抵御可导致植物组织死亡的坏死性病原体。[12]

植物可能产生并释放另一种白花成分以保护自身，即水杨酸甲酯及其衍生物。茉莉酮酸酯抵御食草动物的侵害，还能阻止坏死性病原体通过咀嚼式昆虫和吸食性昆虫进入植物组织，而水杨酸甲酯则抵御另一种不同的病原体，这种病原体会导致病害而非组织坏死。科学家发现，植物中的茉莉酮酸酯和水杨酸甲酯之间存在互扰关系——两者都是可诱导的防御手段（在有害刺激下被激活），并且处于一种互相拮抗的机制之下，每种化学物质都会抑制对方的产生。这意味着如果植物侧重生产茉莉酮酸酯而不是水杨酸甲酯，那它就能够抵御咀嚼式昆虫，但容易被导致疾病的病原体侵害，反之亦然。[13] 水杨酸甲酯有一种清新的糖果型芳香，甜味中带有根汁汽水的气味，由于它和糖果关系密切，这种芳香常被描述为薄荷味。在柳树中，它以水杨酸的形式存在于树皮中，白珠树中也有它的存在，而在晚香玉、黑鳗藤和鸡蛋花中，它是这些植物专门用来吸引飞蛾的白花香味的一部分。在花魔芋（*Amorphophallus konjac*）中，水杨酸甲酯会促使热量产生，导致花迅速升温并释放出吸引传粉者的臭味。水杨酸甲酯是一种苯环型化合物，此类芳香分子还包括香兰素、丁子香酚等。作用于人类时，它可以缓解疼痛，在古代人们直接使用存在于植物体内的成分，后来人们制造出了衍生物乙酰水杨酸，将它命名为阿司匹林并加以使用。这种化学物质的多种形态起到血液稀释剂的作用，过量使用阿司匹林或者含白珠树精油的肌肉疼痛膏，或者同时使用这两种药物，可能导致药物过量和死亡。

还有一种白花晚香玉（*Polianthes tuberosa*），起源于墨西哥，在那里的名字是"omixochitl"（骨之花）。在法国，它被称为"tubéreuse"，而且是格拉斯的著名花卉。在英语中，我们叫它"tuberoses"。它们有时候是粉色或红色的，属于龙舌兰科，早在西班牙人尚未到达新大陆时就已经被人类栽培。晚香玉以及另外 14 个近缘物种主要生长在森林中，由天蛾传粉。关于晚香玉，最棒的一点是香味会在白天和黑夜之间发生变化，即便切花也是如此。白天的花有清新翠绿味，散发着略浓郁的甜味，而到了夜晚，香味变得慵懒、醉人、感性，展现出对飞蛾有吸引力的白花芳香。花通常在清晨收获，此时清新的香味更占优势，目前人们使用溶剂提取法生产芬芳馥郁的凝香体和可爱的净油，但在格拉斯发展早期，人们也使用脂吸法提取晚香玉的花香。[14]

另外两种植物在格拉斯的历史上也很重要——鸢尾和堇菜，它们在你的花园里生长得很美，用在你的香水中也非常美妙，但提供香味的常常不是花朵。堇菜（*Viola* spp.）有一段令我惊讶的历史。我以前住在纽约州北部，在当时的家，每逢春天都会有堇菜在浸透水的草坪边缘向外窥探，而在我位于佛罗里达州的院子里，散布的小小紫花会将自己的种子播撒在各种花盆里，偶尔能够生长良好，直至开花。英语中将害羞的人称为"退缩的堇菜"（shrinking violet），但这其实是对堇菜的误解：它们会毫不掩饰地寻找传粉者。堇菜的花会改变自身位置以展示自己的彩色图案，并且令传粉者能够从最佳方向接触花的生殖结构。唇瓣上漂亮的白色和黄色图案有助于引导传粉者进入花心，确保繁殖的发生。堇菜会首先长出心形叶片，这些叶子从冬末的积雪中探出头，然后在早春开花，以利用此时出现在外面的任何传粉者。然后这些花用蜜源标记炫耀自己色彩鲜艳的喉部，其中可能装饰着凸起的毛，蜜蜂或者蝴蝶必须扭动身体穿过这些毛才能进入花的内部，完成有性生殖所需的配子交换。但更常发生的模式可能是无性生殖，植株上位置较低的花在不受精的情况下结出种子，接下来这些种子在名为喷射扩散（ballistic dispersal）的过程中发射出去，日后在母株附近发芽。蚂蚁可能被种子上的油质体（elaiosome）吸引并将它们拖到自己创造的垃圾堆上，这些垃圾堆常常富含养分和疏松的土壤。尽管在进行无性生殖时成功率更高，但堇菜仍然继续开出带有淡淡香味的漂亮紫白色花朵。它们分布在世界各地的温带地区，大约有 500 个物种，但是因为它们很容易杂交，所以这只是个估计数字。有些最濒危的物种被称为耐重金属植物（metallophytes），它们生长在充满有毒重金属（通常是铅或锌）的土壤中，在欧洲，这样的土壤出现在旧矿井周围。深黄花堇菜（*Viola lutea*）又名"锌堇菜"，包括分别产自德国和北欧的两种类型，都生长在被旧金属冶炼厂制造的大气沉积物污染的土壤中，这种栖息地对人类健康有害。[15]

香堇菜（*Viola odorata*）是生长在格拉斯、法国南部和意大利的一种堇菜，气味香甜。这种堇菜是约瑟芬皇后的最爱，她的婚纱上就绣着它们的图案。这些花可以用来做沙拉、制作甜糖浆或者用作装饰，而叶片可以令汤羹变得浓稠。历史上出现过堇菜精油，它难以生产而且过于昂贵；即使是现在，香水产业也不生产和使用它，但是如今有堇菜叶净油。堇菜叶净油的欣赏门槛有点高，它带有一种丰饶而幽暗的叶片气味，就像是你将自己的脸凑近肥沃的土壤，然后将许多堇菜叶和几朵花一起放在鼻子前揉碎的感觉。然而在很高的稀释倍数下，绿叶香调会变得不那么咄咄逼人，精致的花香美感释放出来，同时带给你花和叶的芬芳。堇菜芳香物质的昂贵和大受欢迎导致人们迫切需要确定堇菜精油的成分，以便人工合成替代分子。1893 年，费迪南德·蒂曼（Ferdinand Tiemann）和保罗·克鲁格（Paul Krüger）两位科学家展开研究，并确定可以使用鸢尾根来代替堇菜，因为鸢尾根具有相似的气味特征而且精油含量更高，因此是更经济的选择。不幸的是，他们分离出的分子没有呈现堇菜的香味。在大失所望之下，他们打扫了实验室并清洗玻璃器皿，在当时这意味着需要使用硫酸。幸运的是，当从鸢尾中提取的化合物与硫酸接触时，他们从清洗过的玻璃器皿中闻到了一股堇菜的香味。这是货真价实的东西，他们给它取名香堇酮（ionone）。*如今我们知道它包括 α 型和 β 型，两者共同赋予堇菜甜美、散布性和略带木质香调的芳香。在 1892 年被用来创造第一

---

* 堇菜曾被广泛误译为紫罗兰，导致这种化合物如今更常用的名字是紫罗酮。紫罗兰如今多指十字花科的一种著名观赏性花卉，而堇菜属于堇菜科。

款现代堇菜香水，即香邂格蕾公司（Roger et Gallet）出品的"Vera Violetta"之后，α-香堇酮和β-香堇酮至今仍然是很受欢迎的香水成分。[16]

桂花（*Osmanthus fragrans*）是我最喜欢的植物之一，香堇酮也存在于这种植物体内，它是一种不引人注目却拥有美妙香味的植物，我在一位植物学家朋友的帮助下终于发现了它。在南卡罗来纳州的每个冬天，我都能闻到这种甜美的芳香，但始终找不到散发香味的花。然后这位植物学家朋友向我展示了一株看起来很不起眼的灌木及其散发出浓郁香味的白色小花。桂花的花香似乎在远离植株的地方更浓，要是没有专业人士的帮助，我再怎么搜寻也找不到这种散发香味的植物。美国南方的冬天凉爽干燥，桂花的芳香似乎在清新的空气中达到了最好的状态，令这种微小的花散发出美妙的香味，其中有杏香和新鲜花香，还带有皮革味和类似茶的香气。桂花在英文中叫"茶橄榄"（tea olive），顾名思义，它被用来为茶叶增香，而利用溶剂提取法获得的净油可以提供带有皮革香调的华丽白花香味。桂花原产中国，是中国的十大名花之一，其花色从象牙色到绿白色再到深橙色都有，而可爱的α-香堇酮和β-香堇酮就是呈现花色的类胡萝卜素被这种植物改造后产生的。[17]

鸢尾在分类学上和堇菜没有亲缘关系，但正如蒂曼和克鲁格所感受到的那样，它们拥有同样的芳香族化合物。虽然只有部分鸢尾的花有香味，但鸢尾的商用芳香物质不在花中，而在根部。鸢尾的根其实是根状茎，这意味着它们粗壮且充满纤维，在锚定植株的同时向外伸展并产生新芽。经过收获和熟化，鸢尾根可以产出一种鸢尾粉，数千年来鸢尾粉一直用来为身体护理产品、熏香和织物增香，如今对其进行蒸馏生产出鸢尾根油，这种精油有一种美妙而空灵，并带有脂粉味的堇菜芳香。在意大利的佛罗伦萨，鸢尾根收获自香根鸢尾（*Iris pallida*），而在摩洛哥则收获自德国鸢尾（*I. germanica*）。鸢尾根必须干燥长达 5 年，然后磨碎并用稀硫酸处理，这时可以用蒸汽蒸馏的方式生产一种浓稠的产品，其中含有比重不一的各种鸢尾酮（与香堇酮的化学结构相似），每种鸢尾酮都为香味做出了贡献。鸢尾根油是如今最昂贵的香水成分之一，极少量地使用就能达到脂粉和花香效果。

鸢尾的英文名字（iris）来自彩虹女神伊里斯（Iris），它拥有多种颜色的花朵，花瓣有时带髯，有的花有香味。鸢尾花的构造旨在引导传粉者接近自己的花粉，它们通过提供颜色不一样的着陆平台和跑道（蜜源标记）实现这一点，而带髯鸢尾甚至会在花瓣上添加形似微型堇菜花的纹理（髯）来实现这一点。植物可能根据传粉者的种类对花的颜色、图案和形状进行差异化投资。路易斯安那州的野生物种铜红鸢尾

（*Iris fulva*）开花瓣反折的红色花，以吸引和适配为其传粉的蜂鸟。蜂鸟在飞行中饮用花蜜，这就需要花瓣向后弯曲以让出空间，而且如果花药像在铜红鸢尾中那样从花中伸出，那么花粉就更容易附着在蜂鸟身上。由于蜂鸟缺乏嗅觉，铜红鸢尾不需要投资芳香成分。另外，蜜蜂对醒目的蜜源标记图案和芳香都有反应，于是短茎鸢尾（*I. brevicaulis*）用它蓝白相间的花、黄色蜜源标记和强烈的花香吸引蜜蜂。六棱鸢尾（*I. hexagona*）拥有硕大的紫色花和黄色蜜源标记，吸引与大花适配的熊蜂传粉者。这些花表明传粉是一个多步骤的过程，传粉者可能从远处识别颜色和图案并做出靠近的反应，然后蜜源标记和香味进一步将蜜蜂和熊蜂吸引过来。[18]

现在让我们来看看香水中的野兽，它出现在很多香水的尾调中，虽然只用一个简单的四字母单词来描述，但指的是一组多样而复杂的芳香成分：麝香（musk）。动物性、感性、泥土味、皮革味、辛辣、粪便味、花香和多变——这些描述性词语有的令人厌恶，有的十分美妙。持久的麝香香调徘徊不去，融入皮肤，赋予香水一种不可捉摸的复杂深邃，并为花香增添活力。麝香成分通常来自动物，是动物之间用于交流的长链分子，蒸发速度缓慢。它们仿佛在说："我在这儿，这是我的地盘！"或者"我在这儿，快来找我！"通过这种方式传播着关于领地或繁殖的信息。这两种目的有时是重叠的。传统麝香成分来自河狸、麝鹿和麝猫等哺乳动物，而采集这些动物的麝香涉及囚禁、死亡和虐待。麝香芳香剂也很稀有和昂贵，在某些情况下受到严格管控，而且并不是如今大多数调香师会使用的工具，因为可以使用合成品替代它们。关于天然麝香的事实是：和任何野生动物一样，总有办法去接近它。对很多人而言，如果他们知道这个世界有野生动物存在——也许它们有一点危险，并且正在芳香丛林深处或者稀树草原上踱步，那么世界在他们眼里就是个更有趣的地方。自古以来，动物性麝香就是香水中略微危险的成分，但稀释后效果最佳。如果你将鼻子伸进一瓶足量的麝香中，你的鼻子和大脑会不知道该如何应对它——它是压倒性的，令人退缩。但是当高倍数稀释后，这种危险就被置于安全距离，而且它的各个方面和层次往往会让不同的人产生不同的感知。麝香分子大而复杂，不会很快蒸发，因此它们是完美的尾调——它们在皮肤上持久存在以锚定那些更短暂的香调或者固定一款香水。但就像野兽之于美女，它们也为香水的花香中调带来奇妙的效果，让花香更有魅力，无论是蔷薇、茉莉还是橙花。

194

对于雄性麝鹿（*Moschus* spp.）而言，产生的麝香的气味会在环境中持续很久，这意味着它将自己的位置以及已经准备好繁殖等信息告诉当地雌鹿，并告诫当地雄鹿应当远离。麝鹿是生活在亚洲大片地区的山谷茂密的植被中的小型鹿。这些鹿没有鹿角，但雄鹿和雌鹿都有大獠牙。麝鹿是独居的晨昏性动物，它们通过气味而非视觉来划定共享空间，而这是以公共厕所的形式实现的，粪便和尿液沉积在它们白天睡觉的地方附近以及它们的领地边界。雄鹿在发情期的标记完全不同：腹部的特殊香囊装着麝香气味颗粒，以保护这种芳香。麝香贸易曾经发生在丝绸之路贸易网络沿线的中国西藏，那里被认为是优质麝香的来源。麝鹿在所有分布地都处于濒危状态，而且根据《濒危野生动植物种国际贸易公约》（Convention on International Trade in Endangered Species of Wild Fauna and Flora，CITES）的规定，几乎所有贸易都受到国际法的禁止。所有麝鹿物种都处于濒危状态，这不只因为向香水贸易和传统医学提供麝香的狩猎活动，还因为人类侵占了它们的觅食区域用于养殖牲畜，并砍伐树木以发展农业。虽然只有雄鹿有香囊，但麝香猎人和陷阱捕猎者会不加区别地杀死麝鹿：每获得一个香囊，至少有两头鹿被杀死，而且很可能更多。曾经有人尝试饲养麝鹿以获取香囊，这样可以在不杀死鹿的情况下摘下它，但是由于麝鹿的独居习性，这些尝试未能成功。一些国家正在努力保护栖息地并教育当地人，以维持当地麝鹿的数量。鹿麝香是什么气味？一旦稀释在酒精中，它就被描述为动物性的——这正是麝香的定义，它略带甜味，可能有一点点花香，令人想到皮肤，而且非常持久。在香水中，它会增加质感，舒缓香调并帮助各香调达到协调一致的效果——它可以为花香带来神奇的效果，但在使用时不会让人察觉出它的动物性香味。[19]

美洲河狸（*Castor canadensis*）制造河狸香（castoreum），这是另一种动物麝香，河狸将其沉积在水坝和巢穴上，甚至将气味留在用池塘淤泥建成的小丘上，形成一种标记领地的气味围栏。考虑到河狸在砍伐树木、建造水坝、挖掘和加固巢穴方面做的所有工作，它们对自己的努力成果做出标记并让其他河狸远离的行为合情合理。河狸香在肛门腺中产生并储存在肛门附近的一对香囊中。新闻中偶尔会提到将河狸香作为一种调味成分，并通常用在冰激凌中。这些报道是真的。河狸香被美国政府列为"公认安全级"（GRAS）添加剂，可用在草莓或香草口味中。但是这种提取物（通常作为一种含酒精的酊剂使用）也被描述为皮革味和甜味，非常适合用于皮革主题的香水。

麝猫香完全不适合用于食物，香水制造业如今也几乎不会使用它，它也有皮革感，动物性相当明显，而且有尿味。它曾经是重要的香水成分，如今被弃用是因为在获取这种分泌物时可能会虐待动物。麝猫不是真正的猫，而是来自亚洲和非洲热带地区的夜行性哺乳动物，包括两个类群：灵猫和椰子猫 *。大多数麝猫的阴腺中会产生一种麝香物质，但灵猫亚科（Viverrinae）的灵猫以其特别芳香的分泌物而闻名。麝猫膏传统上是通过刮这些动物身上的腺体或者其领地的标记柱上的沉积物获取的，但是为了得到它，这些动物可能被杀或者关在笼子里。[20] 由于动物福利以及成本方面的担忧，香水行业已经停止使用麝猫香以及几乎所有的动物性麝香，如今使用人工合成的麝香化学品。麝猫香如今有一种名为灵猫酮的合成版本，它带有麝香味和甜味，发干而且有弥漫感，对人类和大型猫科动物（说明它是货真价实的东西）都有效。动物园管理员早就知道豹猫、美洲虎和猎豹等大型猫科动物都喜欢香水，特别是卡尔文·克莱恩（Calvin Klein）公司的男士魅力香水（Obsession for Men），对馆舍中被喷洒这种香水以及其他香水的物品，它们会在地上打滚并用脸去蹭这些物品。任何养过雄性家猫的人可能都知道，猫会标记自己的领地，而大型猫科动物也会这样做。显然，这种倾向也激发了人们对麝香香水成分的兴趣，而很多人都知道动物园管理员会发起香水捐赠，将其用于大型猫科动物的丰容。研究人员还探索了使用香水吸引猫科动物来到照相机前或者接触毛发

----

* 时下流行的猫屎咖啡，使用的就是椰子猫吃下咖啡果实并消化掉果肉然后排出的咖啡豆，其特殊风味来自咖啡豆在椰子猫肠胃中的发酵过程。

采集陷阱的方法，让它们触发照相机拍照或者留下一点毛发用于分析 DNA。

龙涎香又叫灰琥珀，是为数不多的非交流性麝香之一，由鲸创造并排出体外，曾经是纨绔子弟和女王的最爱。如今，它很少以纯粹的形式使用。相反，对于鲸的这种副产品，化学家花费了数十年的时间来分离和纯化那些提供持久麝香香味的分子。龙涎香是从一小部分抹香鲸（*Physeter macrocephalus*）的消化道释放到海洋中去的，主要成分是这种鲸产生的一种蜡状油脂物质。抹香鲸的主要猎物是乌贼，当后者锋利的喙在抹香鲸的消化道中移动时，这种蜡状油脂就会将它包裹住。在大约 1% 的抹香鲸的消化系统中，这种蜡状物质会和肠道废物一起积聚，形成一种名为粪石的难消化球，最终以臭味黑色物质的形式排出，有时重量可达 200 磅。这种蜡状物质的很大一部分是名为龙涎香醇的化合物。目前，尚不清楚这种活动是不是正常排便，也不清楚这种蜡球是否会在少数鲸的肠道中不断增大直到成为潜在的致命阻塞物。也许两种情况都存在。一旦被释放，龙涎香就会漂浮到海面上并暴露在海水和海洋空气中，由此获得它的魔力，这个过程有时长达数年（有些样本被发现时已有 1000 多年的历史），然后在某个地方漂流上岸。最初的黑色粪便物质会变成灰色，甚至是金色和银色，并散发因样本个体而异的香气，其中含有海洋、盐、海洋空气、烟草、苔藓、熏香、海藻、鲜花、葡萄酒和麝香的芳香。我的配料柜里有一个木盒，里面有些用布小心包裹着的小碎片——它们的香味很少让我想起海滩，但闻起来像浓郁的苔藓或甜美的泥土，带着咸味和花香的气味，还有一股难以捉摸的粪便味，但并不完全令人不悦。龙涎香的起源长期以来一直是个谜，存在各种理论：也许它是以海边甜味香草为食的海鸟的粪便，或者是生活在海岸地区的蜜蜂的蜂蜡和蜂蜜的混合物；它可能是来自海底的松露，也可能是龙在海边岩石上睡觉时滴落的口水。在英语中，调香师可能称它为"ambra"，而人们必须小心，不要将龙涎香与琥珀（amber）混淆，后者是松树的松脂化石。这些蜡状块既不使用溶剂提取也不蒸馏，而是应该将其放入酒精中使其溶解，制成 3% ~ 5% 的低浓度酊剂。和许多芳香剂一样，这样做可以将它打开，令其中的分子分批抵达鼻腔，从而揭示其全面而复杂的香气。它可以作为调味剂添加到烟草或利口酒中，带来圆润醇厚的口感。[21]

另外两种动物麝香产品不需要杀戮、切割或刮取，它们是蹄兔香和蜂蜡。名为蹄兔（*Procavia capensis*）的小型哺乳动物藏身于南非露出地表的岩层中，并将植被运到巢穴，在那里它用尿液和粪便将植物材料黏合在一起，形成一种香味很浓的物质，名为蹄兔香。蹄兔的巢穴可能已经使用多年——

有些可以向前追溯许多代，于是保存在这些巢穴中的蹄兔香可以将这种小型哺乳动物采集范围内的植物记录下来。还有一种情况是当地的动植物材料形成一团变硬发臭的物质，它在有遮蔽的巢穴中陈化，从而使粪便或尿液的气味变淡，变得更像泥土、稻草、皮革和麝香的气味，在一些人的描述中，这种聚合体令人想起南非和这种在那里安家的小型哺乳动物。林鼠在北美做着同样的事情，世界各地的其他啮齿类动物也是如此，但只有南非的蹄兔会产生一种值得用在香水里的芳香物质。蜂蜡净油来自未经加工的蜂蜡，蜂蜡被熔化、过滤，然后很可能再用酒精清洗。我将它列在麝香中是因为我从它的芳香中闻出了甜味和蜂蜜气味，但也许比预期要淡：它是乡土的产物，含有一些信息素，但可以用来为香水增添柔和的香调。蜜蜂常常使用气味进行交流并将芳香的蜂蜜储藏在蜂巢中，所以我喜欢将作为蜂巢的蜂蜡看作充满蜂蜜气味的物质。

很少有植物会产生真正的麝香香调，但调香师会使用黄葵、广藿香、黑茶藨子芽净油以及栎扁枝衣来获得韧性和一定的麝香气息。黄葵（*Abelmoschus moschatus*）又名麝葵，它的种子是植物性麝香的美好范例，柔软优雅的气息有麝香的感觉，并略带脂粉和皮肤气味。黄葵与木槿、秋葵有亲缘关系，植株高大且叶片多刺，小小的种子依偎在荚果中。花是典型的木槿型花，呈浅黄色，花心呈深栗色或棕色，单朵花只开放一天。荚果柔软时可食，干燥后产生许多肾形种子，这些种子非常坚硬，但隐藏其中的空灵香气若隐若现。这些种子通过蒸馏可以产生一种脂肪酸含量很高的精油，需要先分离出其中的脂肪酸才能使用。黄葵来自印度，可以在热带栽培，包括我在佛罗里达州的小后院，这些植物在那里曾经长到 5 英尺高，一连数月开放绚丽的黄色花朵，这些花在每天

199

结束时凋谢，被下一朵花取而代之。紧随其后的是毛茸茸的绿色荚果，果实一旦干燥，就可以将它打开并取出小小的种子。无论我院子里的条件如何和我使用的方法是否正确，种植这种美丽的植物并将种子制成酊剂获得一点黄葵的麝香气味都是很有趣的。

栎扁枝衣（*Evernia prunastri*）是一种分布在欧洲南部的驯鹿地衣，主要生长在栎树上。地衣与苔藓、真菌是一种伙伴关系，每个伙伴都提供对方需要的东西，有时候会达到一加一大于二的效果。栎扁枝衣是一种古老的香水成分，收获后可以生产出一种净油。栎扁枝衣净油常常呈深绿色，有泥土、墨水、皮革、金属甚至海藻的气味，并且曾经是制造一类名为西普（chypre）的香水所不可或缺的。在香水的尾调中，它增强了韧性和自然感以及一定的幽暗趣味，和各种香水类型中的香料相得益彰，并与其他香水中的绿叶香调和花

香香调形成鲜明对比。栎扁枝衣及其近缘树木地衣如今禁止在香水中使用，除非用量很少，因为它们可能刺激皮肤，于是很多款式比较老的香水必须使用各种替代品重新调配。黑茶藨子（*Ribes nigrum*）的芽在用溶剂提取时可生产一种净油，这种净油的气味很复杂，完全不是果味，在大多数情况下和猫尿相差无几。这种净油也需要高倍数稀释并少量用在混合物中，呈现的气味或许是动物性的，或许感觉有点脏，但绝对有趣。我的鼻子能察觉到果味和葡萄酒香调，以及一种很深很深的绿色，深到几乎不是绿色，还有一股动物气息，但并不是真正的动物，而是假装动物的植物：这是一种很特别的成分。

据调香师所说，广藿香是一种令人"要么爱它要么恨它"的芳香成分，但它一直是香水行业的重要天然成分。广藿香（*Pogostemon cablin*）是薄荷家族中的一种香草，生长在亚洲200热带地区，但如今在各地都有种植。这种植物在东方用于传统医学，19世纪中叶开始在欧洲流行，当时人们用进口的豪华围巾包裹它的叶片以驱赶衣蛾。维多利亚女王经常佩戴一条用广藿香增添香味的针织披肩，造就了时尚和香水的早期混搭。广藿香一直以它和20世纪60年代嬉皮士的联系而闻名，因为它是一种带泥土味的天然香水，很适合掩盖大麻的气味。不使用泥土或肮脏这样的字眼来描述广藿香的气味是不可能的，但还需要添加葡萄酒、葡萄干、茶、麝香、甜和深度等描述性词语，因此很值得去找出蒸馏方法得当、拥有所有这些性状的精油。历史上，甚至如今在某种程度上，叶片都是在当地用铁蒸馏器蒸馏的，这让精油呈现很深的颜色：今天能买到的大部分广藿香精油可能都是棕琥珀色的，除非经过专门处理以去除这种棕色。广藿香精油中存在的大分子起到稳定剂的作用，并为蔷薇带来奇妙的效果，唤醒它们和土地的联系并突出它们的花香之美。有时在外出的时候，我会从某个路人那里闻到一股香味，第一印象是这香水真不错，但随后我的气味记忆启动，让我意识到使用香水的这个人在广藿香上的品位真的很好。在使用广藿香时，我常常将吸管底部的液滴涂在手腕上（这是为数不多可以在皮肤上使用的最高浓度的精油之一），而我存放在柜子里的羊毛地毯和漂亮的围巾也受益于广藿香的气味。我将精油滴在一张棉布床单上并用它包裹地毯，精油还会弥散到空气中，气味进入装着围巾的篮子。这让它们很好闻，同时还能赶走昆虫。

广藿香是我最喜欢的精油之一，也许用它结束本章是合适的。这种不起眼的植物散发着一种古老的芳香，它是女王和嬉皮士的标志性香味，而且气味复杂，难以准确描述。植物是调配芳香的大师，而且它们出于各种目的调配香味，以适应自身需求和环境。就像人类会做的那样，我们拿来这些芳香产品，试图将它们变成我们自己的产品。对于植物创造的芳香成分，调香师已经将它们的混合和使用变成了科学和产业。

PART 5

芳香与时尚

　　19 世纪中后期，调香师和香水公司拥有了科学、瓶子和需求——这种需求似乎既是他们发现的，也受到他们的鼓动。所有这些变化因素都让他们能够完成香水从作为药物到作为时尚宣言的转变。从这里开始，香味分子本身成为故事。虽然本书讲述的是关于芳香博物志的故事，但亲爱的读者，我希望你现在已经明白，分子是这个故事的字母和单词（也可能是段落）。1866 年，第一批合成香味分子被创造出来，激励了调香师并让调香行业能够从一门小规模的专门化技艺过渡为接触更广泛受众的商业化产业。人工合成的香味分子是在实验室中制造的，而且人们可以对这个过程加以控制，生产出气味可复制且价格可负担的纯净产品。这种产品不同于精油，后者是含有多种分子的复杂混合物，而且因为植物生长在不同地方和多种多样的风土条件下，所以精油总是不可避免地存在差异。同样重要的是，这些新的气味分子还激励调香师创造不同于自然产品的东西：它们是概念性的和抽象的东西，而不是具体的花和麝香。如今，调香师可以创造出类似白花的香水类型：就像一朵花混合各种分子以产生吸引传粉者的独特气味一样，调香师混合各种香味剂，来实现他们对某种白色花朵的想象并吸引人们的鼻子。

产业化意味着香水的大规模生产，原料从工厂大量输送，而价格由大众购买力决定。首先，调香师开始试验合成分子的效果，创造出一种被称为梦幻香水的东西，它并不存在于自然界，而是一种有关香味的抽象概念。第一款现代梦幻香水始于 19 世纪 60 年代在实验室合成的一种气味分子，这种分子名叫香豆素，混有香子兰、三叶草、零陵香豆和甜干草的气味。以此为起点，研究人员继续创造人工合成的香子兰芳香物质，以及带有堇菜和茉莉花香味的分子。如今的香水产业主要建立在这些分子的基础之上，它们常常来自石油，也来自天然原料如松节油，甚至可能来自酵母。这些分子通常价格低廉，香味稳定，是现代香水产业的支柱。

欧丁香的花

11 不可能的花与香水的打造

到 20 世纪，香水的科学出现了，至少是将各种成分结合
起来创造出一种混合物的科学出现了，这种混合物会让人想
起某种特定事物，例如那种令人难以捉摸的白花香气。关于
这件事，花已经做了几千年，但是不要在意；科学家和调香
师如今可以列出进化过程中的各种分子，能够制造芳香族化
合物的诸多花卉就是在进化过程中产生的。许多这些分子常
见于不同类型、颜色和形状的花中。花的气味不仅仅是花香，
而是混在一起的气味组合，举个例子来说，这种组合能够制
造出和堇菜不同的丁香气味。芳香族化合物还可以作为修饰
剂，为花香增添清新感、泥土味、草药味、薄荷味，甚至粪
便和麝香的气味。其中一些分子的气味阈值很低，即使是在
极低浓度下也能被人感知，甚至低至亿分之一。它们被称为
高抗冲分子（high-impact molecule），可以赋予混合物理想的
或者独特的个性。

茉莉是标志性的白花，由于脂吸法成本高昂，所以一般使用溶剂提取法，而橙花精油既可以蒸馏提取，也可以使用溶剂提取。没有一种栀子花提取物是廉价的，因为它基本上是采用脂吸法提取的手工产品。晚香玉和鸡蛋花的提取物可以买得到，但是价格昂贵。这些花被笼统地归类为白花，它们在夜晚开放，并用芳樟醇、苯类、醇类和酯类等分子以及其他常见的挥发性有机化合物吸引飞蛾。但是这些花的气味明显不同，大多数人即使蒙住眼睛也能分辨出差别，因为白花可能是植物界最好的调香师。它们就像天然调香师一样，使用一些最常见和最可爱的芳香分子创造它们的香气。芳樟醇是具有独特花香的分子，存在于多种植物中，吸引着不同的传粉者群体。尽管气味特征似乎不同，但芫荽、紫檀、薰衣草和罗勒都含有芳樟醇，作为其独特的芳香分子混合物的一部分。如果闻到真正的薰衣草精油，你可以体验到芳樟醇简单且令人平静的甜味——我用鼻子闻到的是清新的花香，略带绿叶香调，还有一点锐利感。提取自罗勒的芳樟醇带有药草芳香，而从紫檀中提取的芳樟醇带有美丽的花香—木质香调。柠檬烯等萜烯为花香增添柠檬或柑橘香味，是柑橘类植物的果皮和花提神醒脑的气味中不可或缺的组成部分。茉莉的花香浓郁而放纵，有一丝吲哚的气味，常常被描述为泥土或粪便味。这听起来像是令人不悦的气味，但会增加芳香混合物的深度或丰富性：就像少许鱼露为一道复杂的菜肴增添鲜味一样。水杨酸甲酯赋予白珠树独特的清新和薄荷气味，但也参与了依兰和晚香玉等热带花卉芳香气味的生产过程。苯甲醛（锐利且甜的樱桃—巴旦木味道）和苯甲醇（蔷薇和香脂气息）也加入白花的芳香中并对飞蛾有吸引力。带有一丝肉桂香料气味的丁子香酚和散发蔷薇香气的香叶醇也促成了白花香味的产生。和柑橘类一样，每种植物都为白花芳香增添自身的特点，无论是茉莉中茉莉酮酸酯的茉莉香味、栀子花中的蘑菇气息、晚香玉中的绿叶尾调，还是桂花中的皮革香调。也许你的附近有一座花园，让你可以闻一闻几种不同的白花，看看你能不能感受到晚香玉白天的清新香调、柑橘花的绿叶香调，或者栀子花的蘑菇味。

大部分调香师和香水品牌有着符合不同花卉概念的配方，²⁰⁹包括那些不可能提取出来、提取极其困难或者提取成本极高的香味。在得知我是一名调香师时，别人会一遍又一遍地对我说他们喜欢丁香花的气味，问我能否做出丁香香水。不幸的是，真正的天然丁香提取物稀有且昂贵。芍药、香豌豆、铃兰、烟草花和堇菜花也是如此。产出可能极低，就像堇菜花，需要很多花才能得到少量提取物，或者这些花不适合提取。那么在这种情况下，调香师要怎么做？和白花一样，很多人会将提取物、芳香族化合物或分离物混合起来，来呈现相同的芳香特征。例如，我后院里的木兰拥有美丽清新的花香，还略带柠檬气味。我发现将华丽的澳洲花卉大柱石南香（*Boronia megastigma*）、一些茉莉以及少许柠檬混合在一起，效果相当接近木兰的香味，我还在里面加入了有柑橘香调的澳洲檀香作为尾调，以及少许香根草。

丁香的香味是用多种成分打造的，包括所谓的丁香醛，其他花香也使用这种物质。丁香醛来源于芳樟醇，虽然用丁香的名字命名，但它也存在于其他各种花卉、葡萄酒和水果中，包括番木瓜和欧洲李，它们对小型飞蛾和蚊子等传粉者有吸引力。叉枝蝇子草（*Silene latifolia*）一直是研究丁香醛的模式植物，它们产生丁香醛以吸引为自己传粉的蛾类——一种夜蛾（*Hadena* sp.）。这种蛾利用叉枝蝇子草获取花蜜，也将其用作它幼虫的宿主植物：雌蛾将卵产在雌花上，这样幼虫就能以发育中的种子为食。和其他白花植物一样，叉枝蝇子草拥有强烈的花香，对夜行性传粉者很有吸引力。在瑞士和西班牙开展的一项研究发现，雄花会释放更多丁香醛，这是导致这种蛾触角和／或行为反应的已知化合物之一。雄株开出的花更小但香味更浓，数量丰富，增强了飘荡在夜晚空气中的丁香气味。和香味较淡的雌花相比，雄花更容易被香味浓郁的雄花吸引。雌蛾不那么挑剔，雄花和雌花都会造访，没有明显偏好。你是不是想问在蛾子的触角里发生了什么？科学家开发了一套系统，使用气相色谱分析和所谓的触角电位检测器（electroantennographic detector，EAD）将飞蛾触角的反应与特定的气味联系起来。在一项研究中，飞蛾的触角对几种香味分子产生了反应，但是对低浓度和高浓度的丁香醛呈线性反应，基本上能够感知到它们的高低浓度，说明飞蛾对于此类化合物特别敏感。其他化合物有气味浓度阈值，意味着必须达到一定的浓度才能引起飞蛾的反应。研究人员在风洞中开展了行为观察，令不同的气味飘向飞蛾，观察结果也表明它们偏好丁香醛的香味。[1]

钝叶舌唇兰（*Platanthera obtusata*）分布在北美洲、亚洲和欧洲北方大部分地区的潮湿区域，它们开绿色花，植株低矮，这让它们能够和周围植被融为一体。为了吸引传粉者，它们会释放一种略带绿叶香调的麝香，来吸引多种飞蛾，但也会招来沼泽的居民：蚊子。一项研究将经过培训的参与者置于兰花丰富的沼泽中，观察伊蚊（*Aedes* spp.）的行为：它们进入微小的花中寻找花蜜，触动花内的距，距将花粉块附着在蚊子的头上，常常是眼睛上，然后通过蚊子将花粉块转移到下一朵兰花上。观察者肉眼观察并结合 GoPro 摄像机计数，清点出 57 次花蜜进食事件（没有关于人为喂食事件的记录），这些蚊子迅速跟随气味找到花朵，降落，然后探寻花蜜——并在这个过程中把花粉块弄到自己眼睛上。蚊子被两种化合物吸引，第一

211

种是具有丁香花香味的丁香醛，第二种是钝叶舌唇兰制造的壬醛（一种散发蜡质绿叶花香香调的醛）。在钝叶舌唇兰制造的芳香中，壬醛的含量高于丁香醛，而且研究发现伊蚊的触角在接触到特定比例的丁香醛和壬醛时——可以将其称为恰到好处的黄金比例，会产生特定的电活动反应。丁香醛含量高于壬醛的其他兰花对伊蚊的吸引力没有那么大，但是就像我们在蝇子草中看到的那样，它们也许对小型飞蛾和其他传粉者更有吸引力。[2] 调香师使用丁香醛产生绿叶和花香效果并增添甜味，还用这种化合物创造本来不可能实现的丁香香味，或者将丁香醛加入风信子和蔷薇配方中，令其更加复杂和有趣。

铃兰（*Convallaria majalis*）的法语名字是"muguet"，这是一种小型春花植物，因其精致的香气备受珍视。我知道这一点，是因为我曾经和姐姐一起去母亲房子北侧的凉爽背阴处查看，寻找纯白色精致钟形小花的踪迹并将它们带入室内，它们简单的存在为家中增添了令人愉悦的气息。这种美丽隐藏着黑暗的一面。铃兰全株都含有大量强心苷，是有毒的：在母亲的花园里，鹿吃掉了所有其他漂亮的花，唯独留下铃兰任其生长和繁殖，也许这就是原因。提取这种花并用于香水是不可能的——也许这样正好，不过有些配方可以创造出这种不可能使用的花的香气。单一花香调（soliflore）这个术语指的是调香师以一种花香作为核心，例如铃兰花香味或丁香花香味。这类香水可能含有鲜花提取物，例如香邂格蕾公司出品的"Vera Violetta"，但也可以通过有技巧地混合单独成分（由单一分子组成）来实现。

帮助创造香味的配方或处方很早就存在了，曾写在古埃及香水店的墙壁上。家庭主妇、药剂师、肥皂制造商，甚至专利药品的制造商，都曾经拥有制造各种混合物的配方，以及提供风味、气味，并用于制作秘药的成分。关于化妆品艺术的各种传单和书籍面向家庭主妇出版上市。乔治·威廉·塞普蒂默斯·皮塞（George William Septimus Piesse）在他的配方中列出了将近100种天然芳香成分，它们可用于制作肥皂、乳霜、润发油、嗅盐、染发剂和吸湿粉。[3] 我的母亲是在大萧条期间长大的，她保留了许多在那段时间学到的节俭习惯，包括一辈子都在用自制的润肤乳。她的配方使用了金缕梅并以甘油为基础，我还记得那独特的味道，比任何香水都印象深刻。即使是现在，我也很难描述那种芳香，只能说它略有香草味和一丝好像柑橘和糖混合的气味。

随着调香师可以使用越来越多来源和气味特征各异的天然成分，香调轮（perfume wheel）变得更复杂，但它仍然是一种进行分类、比较和对比的便捷方式。例如，在天然成分中，你可能会找到香草和绿叶这两种类别，薰衣草和茴香具有香草香调，而绿叶香调描述的是更浓烈的香味，例如堇菜叶或阿魏脂。刺柏浆果呈干燥清新香调，而肉桂则甜而辛辣。木质香调可能是锐利的或者黄油般的，可能味甜或者有泥土气味，而花香香调的范围从浓重到柔软和脂粉感再到绿叶香调和锐利感。还有果味柑橘和果味花香香调，例如桂花和大柱石南香。销售商可以根据这样的分类系统对他们供应的分子和植物提取物分门别类。在一个只列出天然材料的网站上，我清点出了 400 多种选择；很多选择的差异在于来源国和地点，或者是不同的化学型，例如就像我们在迷迭香中看到的那样，存在马鞭草酮迷迭香精油和桉树脑迷迭香精油。有净油和凝香体、花油、二氧化碳提取物、树脂和蜡。现在想象一下有可能合成的单一芳香分子的庞大数量。有时可以从天然来源中提取单一分子：来自薰衣草的芳樟醇，来自香子兰荚果的香兰素。这些分子被称为分离物，呈现一种比薰衣草或香子兰更简单的香味，或许对于某些用途而言更有用。还有许多其他的过程可以通过化学反应来产生今天应用的多种分子。根据工艺和原料的不同，它们被视为天然或合成产品：界定这些类别的法规很复杂，而且在欧盟和美国也不同。试着想一想，权当是一种思维锻炼：思考薰衣草精油或松树中各种成分的数量（可能有数百种），然后乘以你所在世界的芳香植物的数量。

草香碗蕨的叶片和蕨芽

12 芳香世界：产业与时尚

随着进入全新的领域，我们来到了关于香水制造的最后 一章，也是本书的最后一章。19 世纪后半叶至两次世界大战，欧洲城市发生了变化，城市通过建设供水和下水道基础设施改善了卫生条件。随着污水的臭气和人体异味减少，也许没有必要在芳香材料中使用浓重的麝香和香料来掩盖气味。富人的住宅开始在建造时安装室内管道，让人们能够更频繁地使用香皂等奢侈产品洗澡。[1] 难闻的气味变得不可接受，香水成为概念而不是对自然界的反映，而芳香材料从浓重的麝香和龙涎香转变为较淡的香味如花香。"二战"后，化学和制造业的进步以及大众对时尚的兴趣导致香水行业进一步变化。大约在这个时候，第一种用于清洗衣物的强效颗粒去污剂问世。汰渍（Tide）凭借其清淡的香味和清洁效率立即获得了成功：这个品牌继续追踪并启发芳香时尚，为"干净"的气味设定标准。

但是，作为最早人工合成的芳香族化合物，香豆素的故事开始于人们写下配方之前，也早于装药物的琥珀色小瓶。它开始于人们从周围环境中收集药物。在漫长的历史中，散发宜人气味的植物一直被认为有益于身体和灵魂。香豆素有茅香（*Anthoxanthum nitens*）的甜味、新干草的清新气味、香猪殃殃（*Galium odoratum*）的蜂蜜味，以及零陵香豆的香子兰气味，但也存在于许多植物、真菌和细菌中。茅香生长在北美洲和欧亚大陆北部。这种植物长期以来用作草药，而在北美大平原上，它被冲泡成茶并制成药膏和浸剂。它也是重要的精神药物，用于净化和清洁精神：就像熏香在旧大陆一样，茅香烟熏提供了肉眼可见的信号，说明人们的祈祷随之升上天空。当你用脚踩伤这种禾草时，它的甜香气味就已经很明显，而当你将它切割干燥、编成篮子、用来烟熏或者用作药物时，这种甜味只会变得更加强烈。它持久且令人愉悦，为人带来希望感。茅香从地下的根状茎中长出，在春天蔓延并填充低地和潮湿区域，带来喜人的绿色。香猪殃殃将它的甜味添加到德国的五月酒（Maiwein）中，而别名"野牛草"*的茅香则将它的草本香子兰风味添加到一种名为朱波罗卡（Żubrówka）的波兰伏特加中。²

---

* 注意不要与汉语中真正的野牛草（*Buchloe dactyloides*）混淆，它是一种常见的草坪草。

"野牛草"生长在波兰和白俄罗斯边境的一座古老森林中，欧洲野牛也在那里漫步，这座森林自1979年起就被联合国教科文组织列为世界遗产。比亚沃维耶扎原始森林（Białowieża Forest）是一个古老、复杂和凌乱的地方，在这里，倒下的树木躺在原地，它们死去的木头滋养着复杂的食物网。这种食物网始于真菌和昆虫，而它们又落入鸟类和小动物之口，后者可能最终成为狼和其他食肉动物的食物。巨大的树木如古老的夏栎（*Quercus robur*）腐烂并进入土壤，滋养着大量其他植物，例如当地的茅香。2016年初，波兰政府试图增加对林区的采伐，这危及了受保护的比亚沃维耶扎原始森林及其不可替代的生境。在这座占地350605英亩的森林受到威胁之际，为了让人们认识到它的美和价值，环保团体和在线游戏玩家开展了一个合作项目，使用卫星图像、地图和照片对该地区进行极为详细的测绘。测绘得到的地图被纳入电子游戏《我的世界》（*Minecraft*）中，以接触该游戏社群中的数百万用户，并直观地展示伐木将造成的损失。这是否帮助阻止了当时发生在这座森林内部和附近的伐木活动？很多人认为答案是肯定的。

在1820年发现并分离出香豆素之前，人们已经从植物来源中分离出了许多化合物，但没有一种是专门从代替来源中产生，后来又使用不相关的单一分子合成的。香豆素的辛辣、香脂和甜甜的香子兰气味深受香水和香精行业的重视，它也可以为香水增添一抹烟草风味，或者增强某种香味中的薰衣草味。在霍比格恩特（Houbigant）公司的第一款现代香水"皇家馥奇"（Fougère Royale）的诞生（1882）中，香豆素发挥了重要作用，我们可以将这款香水称为梦幻香水——某种自然界不存在的东西。[3] 在这个例子中，馥奇调（fougère）香水的灵感来自这样一个想法：蕨类闻上去的感觉像什么（fougère 是法语单词，意为蕨类*）。虽然某些蕨类有淡淡的香味，但馥奇调香水的气味是一个想象中的概念，它是调香师使用香豆素的独特气味创造出来的。香豆素是用作血液稀释药物的相关化合物家族的一员，含有它的食品在美国受到监管，包括使用原始配方的朱波罗卡伏特加和作为调味剂的零陵香豆。

除了馥奇调这样一种使用栎扁枝衣、薰衣草和香豆素产生的香调，香水还可以归类为西普调（chypre）、辛辣琥珀调（spicy ambers）、绿叶调（green）、花香调（floral）、美食调（gourmand）、木质调（woods），等等。西普调香水的名字来自塞浦路斯岛，其配方主要由地中海植物组成，如香柠檬、栎扁枝衣、劳丹脂和广藿香。香兰素在香豆素合成数年之后

---

* "馥奇"是对这个单词法语发音的音译。

合成，被用在娇兰（Guerlain）公司1889年出品的著名香水"姬琪"（Jicky）中，这款香水也含有香豆素。"姬琪"以其有意识的垂直结构成为另一种早期开创性香水。原始配方有柑橘味的前调、带有蔷薇—茉莉香味的中调，尾调是香根草、鸢尾根和广藿香，一抹麝猫香，以及香脂、香豆素和香兰素的香子兰风味。

麝香成分几乎从一开始就在香味产品的制作中发挥着重要作用。但正如我们在上文讲过的那样，很多麝香成分直接来自动物，由于价格昂贵、资源稀少以及对动物福利的重视，如今这些成分不再经常使用。单一分子麝香型芳香族化合物已被用作替代品，这始于硝基麝香，它是一个意外的发现。1888年，一位正在寻找新型爆炸物的炸药化学家发现，他的一项与TNT有关的实验产生了一种具有宜人麝香气味的分子（硝基麝香）。它立即获得了商业上的成功，不久之后，他又开发了一种麝香酮，同样很受欢迎。[4] 你可能还记得，麝香通常是作为繁殖信号持久存在于环境中的大分子。它们还可以持久存在于我们的衣物和香水中，这也是它们受欢迎的原因，一些硝基麝香在水生环境中的存续时间也很长，这导致了我们对河流和溪流生态环境的担忧。20世纪初，各种硝基麝香替代品（通常是麝香酮）被开发出来，并由不同的香水公司供应、生产和销售。

香水的定价和价值曾经基于材料成本，后来香水公司开始通过将价值赋予某种抽象概念（如欲求值）来获得利润，于是香水也加入了时尚界。时尚设计师保罗·波烈（Paul Poiret）可能是最早将香水作为服装系列的配饰加以营销的人，他在 1910 年推出了香水品牌玫瑰心（Parfums de Rosine）。但在结合香水和时尚方面，最被人们铭记的是小黑裙的开创者。加布里埃·"可可"·香奈儿（Gabrielle "Coco" Chanel）是一名时装设计师，以简约优雅的服装、小黑裙和香奈儿 5 号香水闻名，她将时尚和香水永远联系在了一起。对于香水，她的第一驱动原则是它应该是独特的和现代的。伴随着化学工业在分离和创造芳香分子方面取得的进展，香水产业也紧随其后，令这些分子本身成为香味产品的核心。作为最著名的香水之一，香奈儿 5 号并不是第一款依靠分离分子实现效果的香水，但它成了现代香水的标志性代表。可可·香奈儿厌倦了女人闻起来像花的概念，因此想要一款属于她自己并且适合 20 世纪 20 年代新精神的梦幻香水。她想要一种让女人闻起来像女人的香水，它能够反映她对洁净和优雅的偏好，并且能够卖给当时有进步思想的女性。香奈儿 5 号诞生于这种概念以及调香师欧内斯特·鲍（Ernest Beaux）的创造性思维。它的名字里没有花，而且古典朴素的瓶子与当时典型的华丽香水瓶截然不同。尽管成分中有大量昂贵的花香成分，但在当时和以后继续吸引人们关注的是醛类——独特而鲜活的前调。这些蜡质的具有绿叶、花香和清新香调的醛类带有淡淡的柑橘皮气息，并为花香中调和木质尾调带来独特的提升感。它们被称为辛醛（八碳醛）、壬醛（九碳醛）和癸醛（十碳醛），存在于柑橘精油以及其他植物中。香奈儿5号让醛类声名鹊起，是香水中使用合成芳香剂的又一早期范例。[5]

在人们开始注重卫生的时代，"香水皇帝"弗朗索瓦·科蒂（François Coty）靠他的香水和化妆品生意赚了大钱。香皂、香醋、脂粉和乳霜都是这项业务的一部分，用来装香水的水晶设计品牌莱俪（Lalique）与巴卡拉（Baccarat）制造的美丽且独特的香水瓶也在其中。"一战"后，在法国的美国士兵购买奢侈品并将其带回家，同时也将香水生意带到了美国。科蒂最畅销的商品之一是一套礼盒，里面有古龙水、脂粉、肥皂和乳霜，带有顾客最喜欢的香味，很适合买来作为送给挚爱之人的礼物。他推出的第一款香水"雅克米诺玫瑰"（La Rose Jacqueminot）包含着他对包装和销售的眼光，这开启了他在香水和时尚界的漫长职业生涯，并让他获得了影响力。[6] 1858年，另一位企业家查尔斯·弗雷德里克·沃斯（Charles Frederick Worth）与合伙人奥托·波贝尔格（Otto Bobergh）在巴黎开设了一家设计公司，即后来的沃斯时装屋（House of Worth）。沃斯是一位著名裁缝，被任命为法国欧珍妮皇后的宫廷设计师，他还为当时的一线演员和歌手莎拉·伯恩哈特（Sarah Bernhardt）、珍妮·林德（Jenny Lind）、莉莉·兰特里（Lillie Langtry）和内莉·梅尔巴（Nellie Melba）设计时装。1924 ~ 1934 年，查尔斯的孙子雅克·沃斯（Jacques Worth）将香水开发增加到公司的业务中，推出了几款装在莱俪香水瓶中的美丽香水。接下来与其继续讲述时尚发展史，我不如邀请你前往离你最近的百货公司，仔细观察摆放香水的柜台，看看多少品牌与时尚或名人相关。或者看看插播在你最喜欢的电视节目中的香水广告。

在排名前十的香精香料公司中，有不少都是在 19 世纪中后期创办的，它们的创始人了解草药、芳香化学和精油并对其感兴趣。当人们在寻找新的香味产品，基础设施正在建设到位，科学正在发展进步的时候，这些公司已经为成功做好了充分的准备。格拉斯从生产手套转变为生产香水，费工费力的脂吸法生产方式被溶剂提取法取代。格拉斯还临近多个港口和时尚之都巴黎。最早的这些公司主要在法国和欧洲起步，它们在 20 世纪扩张到世界各地，在植物和其他资源所在的国家开设机构。亚洲和中东地区很久之后才成立了自己的公司。

到第二次世界大战结束时，香水产业和世界上的其他产业一样，依赖机械和技术、合成化学品，以及大规模生产的瓶子和标签。市场营销和与时尚的密切联系为这个行业带来了更多的财富和影响力。到20世纪下半叶，技术为香精香料公司提供了一种新的工具和营销概念——使用固相微萃取（SPME）技术的顶空分析，即在小瓶中捕获少量挥发物进行分析。顶空分析不需要切下或破坏植物，但让人能够在实验室分析单朵花或某种标志性植物以供复制。随着科学提供了新的工具，科学家也开始使用这项技术来理解植物的芳香。

消费者的偏好不断变化，而在20世纪末21世纪初，随着消费者对天然香味和风味的需求，生物发酵技术开始兴起。对于通常是人工合成并且提供风味和香味的芳香族化合物，石油和松节油原料长期以来一直是其主要原料来源。最近，消费者对天然成分的需求和对技术的创新继续在这些行业中推动探索。数千年来，人类一直使用酵母来保存食物，制作酒精饮料和创造新的风味。各公司很多年前就学会了如何使用酵母来生产维生素，事实证明同样的过程还可以用来生产特定芳香族化合物。酵母是单细胞真菌，在体外消化自己的食物——它们在提供食物的培养基内或者表面生长。这意味着酵母从培养基中摄入各种碳源作为能量，消化它们，再将它们排泄到同样的培养基中，制造发酵饮料中的酒精，产生巧克力和咖啡风味，并让我们的面包膨胀。在世界各地的各个角落，酵母天然存在于葡萄、苹果和桃等水果的果皮上，某些植物的花蜜中，甚至在我们的海洋里四处漂流。

包括酿酒酵母（*Saccharomyces cerevisiae*）在内，酵母是地球上培养和使用规模最大的生物之一，当我们将葡萄藤、咖啡豆和可可豆碎粒运送到世界各地时，它们一直是我们的旅伴。中东地区在 9000 多年前生产葡萄酒，产生了专门的酿酒酵母菌株，可以产生良好的发酵产物。科学家对葡萄酒中的酿酒酵母开展了一项遗传学研究，发现这些不同的酵母菌株在遗传上相似，并且和葡萄藤一起沿着人类迁徙的路线分布。来自用于制造木桶的北美栎树以及世界各地特定土壤的各种酵母也参与了这些菌株的遗传组成。对于在咖啡豆和可可豆碎粒中发挥作用的酵母，对其遗传起源和多样性的追踪要更复杂一些。正如我们在上文已经了解到的那样，可可树（*Theobroma cacao*）起源于南美洲，在中美洲得到栽培，然后出口到非洲种植。当可可豆碎粒发酵时，起作用的微生物来自可可果实被采摘和处理时的当地环境。这些酵母和细菌在 5 ~ 7 天的发酵过程中发挥作用，消化掉果肉并在可可豆碎粒中产生风味和颜色，制造出巧克力。咖啡（*Coffea* spp.）可以在数小时或数天内进行干法处理或湿法处理，这个过程也涉及当地的酵母、细菌和其他真菌。咖啡和可可发酵过程中的酿酒酵母种群虽然与葡萄酒菌株有关，但表现出更高的多样性和地理差异：南美的咖啡和可可与非洲的截然不同。这些区域性酵母类群可以和土壤、地理以及天气共同作用，提供为巧克力和咖啡带来特有风味的微生物风土条件。[7]

人们利用这些名为酵母的隐形工厂来改变食物的味道，将奶酪、酸面包、开菲尔（kefir）[*]和腌肉变成新的食物，这些食物可以在冬天或者食物短缺时保存。泡菜、酱油、味噌、啤酒、葡萄酒、德国泡菜、醋和香肠都需要酵母，有时还需要细菌的参与。最近，一种名为"康普茶"（kombucha）[**]的发酵茶迎来了复兴，它由发酵的红茶或绿茶制成，将"满洲蘑菇"（细菌和酵母的共生体）作为发酵生物群。存在于发酵过程中而且无须用火烹饪或烘焙就能发生的一件事是新风味的产生，这是酵母对现有成分的作用导致的。酱油的味道不像大豆，葡萄酒是一种全新的葡萄汁，酵母在面包中起到膨胀作用。我祖母的芥末泡菜配上我母亲的烤牛肉是一道美妙的周末佳肴，并将浸泡在醋里的花椰菜、黄瓜和小洋葱的味道提升到一个新的层次。

传统上的发酵是利用各种微生物共同完成的，例如在乳制品、德国泡菜和韩国泡菜中，但是在 20 世纪初，科学家们开始研究使用纯净的微生物菌株生产特定分子的可能性。酵母，

---

[*]　一种发酵乳饮料。
[**]　即红茶菌。

有时在细菌的帮助下，可以吸收糖类、蛋白质或酒精等营养物质，并将它们转化成不同的分子，包括氨基酸、酯类、酒精和芳香族化合物。在创造芳香分子方面，一些酵母物种具有特异性。例如，一种类型的酵母会从咖啡果壳等农业残余物中产生香蕉和菠萝香气，而另一种酵母可以从蓖麻油中产生有桃子香味的 γ- 癸内酯。酵母生产的香精香料以天然形式销售，其中一些已经获得美国食品和药物管理局用于食品的批准，如 γ- 癸内酯。生产的基础是酵母、某种营养物质（如糖类或油）、进行该过程的反应釜，以及所产生芳香分子的分离和纯化方法。最后，产品可能是你最喜欢的饮料中的水果味，或者是你的护手霜散发的蔷薇香味。[8]

在食品和化妆品等产品中，如今有一种越来越偏好天然的倾向。正如我们之前所见，这些天然风味和芳香的来源之一是通过蒸馏或其他提取方法从动植物中获得的。[9]种植植物需要农田空间、肥料和其他化学品、水和运行农业机械的燃料，而且会产生环境成本，即使是有机生产。为了获得芳香物质和食品（以及传统药物）而种植植物可以为全世界数百万户家庭提供收入，而且常常支持古代文化实践、传统药物和艺术。然而，对天然产品的需求是如此之大，举例来说，世界上根本没有足够的香子兰荚果来支持我们需要的所有冰激凌和美食调香水。和酵母生产的芳香剂一样，我们大部分的香子兰风味来自反应釜或工厂，而美国和欧洲都将微生物生产的风味物质视为天然产品。

如今，从纸巾到瓶装茶再到宠物食品，我们的日常生活用品都被注入了香味和风味。一家大型公司估计，很多人每天和他们生产的产品打交道超过20次，而如果这些公司不强烈关注消费者偏好的话，就根本无法在市场上立足。20世纪末21世纪初，这个行业对天然越来越重视，不光是大型跨国公司，还包括工匠和小众调香师，后者面对的市场规模可能比较小，但会将热情投入自身技艺的所有方面。我访问过的每个商业香水网站都强调自己对小规模农业、绿色技术、可持续性和/或社会正义的承诺，并寄希望于提供足够的信息让感兴趣的消费者通过文字寻找符合其理念的美感。于是，我们实现了芳香世界的科学和技术——将鲜花和植物的精华分解并制成工具。这些工具很美并让我们的生活更美好，但它们仍然是工具。无论是将松节油用作起始材料，还是对酵母进行设定以生产特定分子，香精香料行业都使用按照这种方式生产的可靠且廉价的合成香料。虽然几千年来人们一直在创造性地提取和混合香味，但我们可以指出，单一分子的分离和随后的合成是现代香水制造业的开端，这让调香师能够将分子作为创作工具。

对于我们大多数人而言，无论我们生活在地球上的什么

225

地方，都很难想象这样一个世界，其中用于住宅或身体的香水竟然不是经由这样的过程生产的：精心混合的分子创造出其创造者想象出来的气味，而且这些气味同样适合消费者的偏好。我们从植物中提取分子，在实验室里制造它们，然后将它们集中起来供我们使用。然而，我们也看到回归自然的产品开始更受人们的青睐，在某种程度上带领消费者走过了完整的循环。我们喜欢天然，喜欢天然的概念，而且我们想要支持那些谨慎使用地球资源的公司。至少这正是香水公司一直在寻找、研究和投资的东西。芳香疗法的流行和对天然产品的兴趣也体现了这种愿望。在过去 20 年左右的时间里，随着曼迪·阿夫特尔（Mandy Aftel）的著作《精华和炼金术》（*Essence and Alchemy*）的出版，天然和手工香水重新兴起，这本书深入探索了天然香水成分、它们的历史，以及它们在制造香味奢侈品中的用途。一些最棒的关于香水的故事是通过让一个人的鼻子闻到有趣且不同寻常的香气来亲身经历的，而她的书是探究那些不寻常芳香成分的指南。另一本可以让你探索气味的书是哈罗德·麦吉（Harold McGee）所著的《鼻子冒险：世界上各种气味的实地指南》（*Nose Dive: A Field Guide to the World's Smells*）。从微小真菌到宇宙气味，它涵盖了各种芳香，并告诉读者气味的各种分子来源之间的共性和差异。如果你曾经好奇是什么让狗的脚闻起来像玉米

226

片，它有答案。或许你想知道各种松露之间的细微差别，或者宇宙闻起来是什么气味，它也有答案。同样在过去的 20 年中，充斥着设备屏幕的视觉世界急剧发展，视觉成为我们的主要感官，也许现在是时候训练你的鼻子了。室外是这样做的好地方，无论是在花园或者公园里。室内也不错，你可以选择自己的家或者当地商店：厨房的气味与洗衣房的气味有何不同？探索当地杂货店或百货公司，找找包装商品的纸板气味、刚清洗过的新鲜生菜的绿色气息，或者香水柜台的气味（这可能最容易）。[10]

从简朴的花园到影响深远的历史事件，人类和植物共同创造了许多充满芬芳的故事。在我们的大部分历史中，植物是药材，香味是一种良善的力量，而人类崇敬和珍视芳香植物。我们将它们捣成油用作油膏，为了宗教信仰焚烧它们的木材和树脂，用我们的黄金和生命换取它们辛辣的种子，周游世界寻觅新的品种，用鲜花纪念我们的死者，在各种各样的花园中照料这些花，用热量和蒸汽提取它们的香味，发现那些支撑产业的有香味的分子。探险家、企业家、贵族、园丁和科学家一直在寻找气味的来源和秘密。这些气味可以在压力大的时候为我们带来安宁，具体形式可能是点燃一根漂亮的香薰蜡烛，在一天结束时来个薰衣草浴，喷一股令人神清气爽的香水，或者从我们的花园采集鲜花，制成芬芳的花束。就植物而言，它们只是为自己产生分子——它们是香味云雾和花朵气息的建筑师，就像标志性的白色栀子花那样，它们似乎在向空气中喷出大量香水的同时嘲笑我们费尽心力才获得它们与生俱来的能力。

术语表

3,5- 二甲氧基甲苯（3,5-dimethoxytoluene）：又称 DMT，造就月季
茶叶香味的主要香味化合物。

净油（absolute）：使用酒精从凝香体中提取的油。

被子植物（angiosperm）：种子被包裹在子房中的开花植物。

花药（anther）：雄蕊中带有花粉的部分。

开花期（anthesis）：花完全开放且可接受花粉的时间。

花油（attar）：（1）玫瑰精油。（2）花的芳香物质被蒸馏进檀香精油
或其他载体中而制成的产品。

尾调（base note）：香水的基础，通常由木质调和麝香调组成，有助
于延长香水香味的持续时间。

蜂类（bee）：一种有两对翅膀并采集花粉和花蜜的飞行昆虫。

甲虫（beetle）：鞘翅目昆虫，有硬化的前翅。

苯环型化合物（benzenoid）：一类含有苯环的芳香烃，存在于花
香中。

乙酸苄酯（benzyl acetate）：一种花香成分，带有甜美的茉莉花香。

熊蜂（bumble bee）：一种大型社会性的熊蜂属（*Bombus*）蜂类，可为野花和农作物传粉。

蝴蝶（butterfly）：鳞翅目（Lepidoptera）昆虫，在白昼飞行，翅膀颜色鲜艳，带鳞片。

咖啡因（caffeine）：存在于咖啡和可可等植物中的苦味化合物，可抵御食草动物，并限制附近植物的萌发。

类胡萝卜素（carotenoid）：植物中产生黄色或橙色的一种分子。

心皮（carpel）：花的雌性生殖器官。

228 **石竹烯（caryophyllene）**：一种带有木质、辛辣、丁子香气味的芳香分子。α 型有木质气味，β 型有木质、辛辣和干丁子香气味。

化学型（chemotype）：化学组成不同但形态相同的精油植物中存在的种类差异。

桉树脑（cineole）：单萜烯的一种，又称 eucalyptol，有类似桉树的药材香味。

肉桂醛（cinnamaldehydc）：一种芳香分子，香味中有肉桂的甜味以及辛辣味。

柠檬醛（citral）：具有甜柠檬香味的萜类化合物。

凝香体（concrete）：使用溶剂提取的芳香剂，通常来自植物。

球茎（corm）：植物的圆形地下储藏器官。

花冠（corolla）：一朵花的所有花瓣。

香豆素（coumarin）：某些植物中的香子兰气味成分。

番红花素（crocin）：番红花中的一种有色色素。

突厥酮（damascones）：玫瑰精油中的一类芳香族化合物，赋予玫瑰精油特有的香味，也存在于茶叶和烟草中。

蒸馏（distillation）：通过蒸发和冷凝分离组分或液体的过程。

丁子香酚（eugenol）：又称丁子香油，一种液体苯酚，具有花卉中的辛辣丁子香气味。甲基丁子香酚被果蝇等昆虫用作信息素。

兰花蜂（euglossine bee，又称 orchid bee）：一种有光泽的绿色或蓝色昆虫，雄蜂采集芳香族化合物，这些化合物被用来制造一种香水。

真社会性的（eusocial）：在形容动物时，指的是拥有高级社会组织的类群，例如蚂蚁和蜜蜂的社会组织。

粪便的（fecal）：与粪便有关。

发酵（fermentation）：有机质在酶的作用下发生的变化，常常是由酵母等微生物导致的。

蝇类（fly）：一种小型双翅目（Diptera）昆虫，有一对翅膀。

真菌（fungus）：以有机质为食且通过孢子繁殖的生物。包括霉菌、酵母和蘑菇。

呋喃香豆素（furanocoumarin）：某些柑橘类水果含有的成分，暴露在阳光下可能引起皮炎。

配子（gamete）：在有性生殖过程中发生融合的单个雄性或雌性细胞。

气相色谱质谱（GC/MS）：用来沿着色谱柱分离混合物中的单一芳香化合物，然后根据质量对其进行鉴定。

基因型（genotype）：个体的基因组成。

地下芽植物（geophyte）：拥有地下储存器官或根（例如鳞茎、块茎、球茎或根状茎）的植物。

香叶醇（geraniol）：一种具有蔷薇香味和甜味的花香分子，存在于各

229

种花的香味中。

裸子植物（gymnosperm）：种子没有被保护层包裹的植物。

鹿墙（ha-ha）：用于花园或公园的下沉式栅栏或围墙，它的凹陷在一侧形成垂直屏障，在另一侧保持不间断的景观视觉。

顶空分析（headspace analysis）：用捕集阱或气相色谱分析系统捕获芳香物体（如花朵）的挥发性成分的过程。

蜜蜂（honey bee）：蜜蜂属（*Apis*）真社会性蜂类，是农作物的重要传粉者。

吲哚（indole）：一种存在于白花中的强大分子，可为香水增添动物气息。

香堇酮（ionone）：一种用于香水制造业的化合物。α 型和 β 型香堇酮共同构成了堇菜的香味；α 型具有清新香调，β 型具有脂粉和木质香调。

异构体（isomer）：化学式相同但结构不同而且通常香味也不同的两种或多种分子中的一种。

茉莉酮酸酯（jasmonate）：一类芳香族化合物，增加茉莉的香味，并在植物中发挥信号传导作用。

基石物种（keystone species）：在生态系统中很重要而且可能被其他物种依赖的植物或动物物种。

唇瓣（labellum）：花中具有唇状结构的扩大的花瓣。

内酯（lactone）：花香的一种成分，常有乳汁或水果气味。

切叶蜂（leafcutter bee）：独居蜂类，属切叶蜂科（Megachilidae），在内衬切碎叶片的洞中筑巢，可以成为重要的传粉者。

丁香醛（lilac aldehydes）：又称 syringa aldehydes，存在于植物（包括丁香）中的一类芳香剂，可为香水增添花香、清新和绿叶香调。

柠檬烯（limonene）：一种常见的具有柠檬香调的萜烯。

芳樟醇（linalool）：一种存在于许多植物中的萜烯醇，具有花香。

水杨酸甲酯（methyl salicylate）：一种芳香族化合物，存在于包括白珠树在内的多种植物中，具有甜香气味。

微生物（microbe）：一种微型生物，例如细菌、酵母或霉菌，或者病毒。

蠓虫（midge）：一种小型蝇类，可以发挥传粉者的作用，但也以花蜜和血液为食。

土壤（mitti）：土壤。

蛾类（moth）：一种夜间飞行的鳞翅目昆虫，翅有鳞，身体常常多毛。

月桂烯（myrcene）：存在于芳香植物和香草中的一种萜烯，具有类似胡椒的辛辣芳香。

肉豆蔻醚（myristicin）：存在于肉豆蔻中的一种化合物，具有温暖、木质和辛辣香调，可起到驱虫的作用。

天然芳香成分（natural fragrance ingredient）：从植物或动物中分离出来的芳香族化合物，例如精油。

蜜源标记（nectar guide）：植物花瓣上的标记或结构，将传粉者引导至蜜腺。

蜜腺（nectary）：分泌花蜜的腺体，通常存在于花中，但也可能出现在植物的其他部位。

罗勒烯（ocimene）：月桂烯的异构体，带有绿叶花香香调。

异交（outcrossing）：与不相关个体（通常是同一物种）进行繁殖的过程。

子房（ovary）：植物中含有胚珠或种子的结构，受精后可发育成果实。

花被（perianth）：花的花萼和花冠的合称。

花瓣（petal）：一种变态叶，是花的一部分，通常颜色鲜艳，对传粉者有吸引力。

苯乙醇（phenethyl alcohol）：又称 PEA，是蔷薇芳香的重要成分，有助于产生"玫瑰型"香味。

信息素（pheromone）：一种化合物，负责在通常属于同一物种的个体之间传递信息。

蒎烯（pinene）：一种常见萜烯，具有清新且带泥土气息的松树香味。

胡椒碱（piperine）：一种萜烯，黑花椒中的刺激性芳香物质。

雌蕊（pistil）：单个或一组心皮组成的结构。

花粉（pollen）：植物的雄性生殖细胞，通常小且呈粉状。

传粉（pollination）：植物中的受精行为。

传粉者（pollinator）：将花粉从一朵花的花药转移到一朵花的柱头上的动物，通常是昆虫。

传粉综合征（pollinator syndrome）：描述传粉者类型与花特征之间关系的一般方法。

根状茎（rhizome）：匍匐生长的粗壮地下茎，可产生新芽并充当储存器官。

玫瑰酮（rose ketones）：一类提供蔷薇属植物香味的芳香族化合物。

玫瑰醚（rose oxide）：蔷薇香味以及某些水果香味含有的一种成分。

桧烯（sabinene）：某些香料的成分之一，具有木质、樟脑、辛辣的气味和风味。

萼片（sepal）：一种通常呈绿色的植物部位，用来支撑开花时的花瓣。萼片也可能形似花瓣并且是彩色的。

倍半萜烯（sesquiterpene）：一种大型芳香分子，通常存在于木材和树脂中。

粪臭素（skatole）：一种结晶化合物，通常存在于动物粪便中，但也可能出现在某些植物中，包括柑橘类植物的花，在浓度极低时也有花香。

社会性蜂类（social bee）：任何具有明确社会结构的蜂类。

独居蜂类（solitary bee）：一群庞大且种类多样的蜂类，它们没有明确的社会结构，雌性都可以繁殖。包括一些重要的农作物传粉者。

雄蕊（stamen）：花的雄性器官，由产生花粉的花药和支撑花药的柄（花丝）组成。

柱头（stigma）：接受花粉粒的雄蕊顶部。

无刺蜂（stingless bee）：蜇刺退化的蜂类之一，通常生活在热带，是社会性蜂类，并产蜂蜜。

对称性（symmetry）：花的布局方式，分为两侧对称和辐射对称，前者指的是花只有沿着一条特定轴线才能分成相同的两半，后者指的是沿任何方向切割都能产生相同的两半。

232

合成芳香成分（synthetic fragrance ingredient）：通常由石化原料制造的芳香成分。

被片（tepal）：一朵花中难以区分是花瓣还是萼片的组成部分。

萜烯（terpene）：由植物产生的一类多样化的芳香族化合物。

风土（terroir）：植物所处的自然环境，包括土壤、气候、海拔等。

可可碱（theobromine）：存在于巧克力和茶叶中的一种苦味生物碱。

前调（top note）：通常由较小的挥发性分子组成的香水香调，例如柑橘和一些香料或香草。

鲜味（umami）：食物的一种味道，用于描述丰富、可口的风味。

香兰素（vanillin）：产生香子兰特有风味和香味的一种有机化合物。

挥发物（volatile）：又称 VOC，即挥发性有机化合物，是一种很容易蒸发的化学物质。

干谷（wadi）：在雨季可能被淹没但在通常情况下干燥的山谷或渠道。

酵母（yeast）：真菌界中一类古老的单细胞成员。

姜油酮（zingerone）：姜的一种成分，提供锐利的味道和风味。

注 释

01 火炬木：乳香、没药和柯巴脂

1. Jean H. Langenheim, *Plant Resins: Chemistry, Evolution, Ecology, and Ethnobotany* (Portland, Ore.: Timber Press, 2003), 23–44.

2. Martin Watt and Wanda Sellar, *Frankincense and Myrrh* (Essex, U.K.: C. W. Daniel 1996), 26–28; Martin Booth, *Cannabis: A History* (New York: Thomas Dunne, 2015), chap. 1, Kindle.

3. Charles Sell, *Understanding Fragrance Chemistry* (Carol Stream, Ill.: Allured, 2008), 293–295.

4. William J. Bernstein, *A Splendid Exchange: How Trade Shaped the World* (New York: Atlantic Monthly Press, 2008), 25–26.

5. Arthur O. Tucker, "Frankincense and Myrrh," *Economic Botany* 40 (1986): 425–433.

6. F. Nigel Hepper, "Arabian and African Frankincense Trees," *Journal of Egyptian Archaeology* 55 (August 1969): 66–72; Mulugeta Mokria et al., "The Frankincense Tree *Boswellia neglecta* Reveals High Potential for Restoration of Woodlands in the Horn of Africa," *Forest Ecology and Management* 385 (2017): 16–24.

7. Mulugeta Lemenih and Habtemariam Kassa, *Management Guide for Sustainable Production of Frankincense: A Manual for Extension Workers and Companies Man- aging Dry Forests for Resin Production and Marketing* (Bogor, Indonesia: Center for International Forestry Research, 2011).

8. Marcello Tardelli and Mauro Raffaelli, "Some Aspects of the Vegetation of Dhofar (Southern Oman)," *Bocconea* 19 (2006): 109–112.

9. Trygve Harris, "About Our Frankincense," Enfleurage Middle East, https://enfleurage.me/about-our-frankincense. Descriptions of frankincense in Oman

with excellent photos of the trees in their native habitat.

10. Renata G. Tatomir, "To Cause 'to Make Divine' through Smoke: Ancient Egyptian Incense and Perfume: An Inter- and Transdisciplinary Re-Evaluation of Aromatic Biotic Materials Used by the Ancient Egyptians," in *Studies in Honour of Professor Alexandru Barnea*, ed. Romeo Cîrjan and Carol Căpiţă Muzeul Brăilei Adriana Panaite (Brăila, Romania: Muzeul Brăilei "Carol I" —Editura Istros, 2016).

11. William J. Bernstein, *A Splendid Exchange: How Trade Shaped the World* (New York: Atlantic Monthly Press, 2008), 25–26.

12. Jacke Phillips, "Punt and Aksum: Egypt and the Horn of Africa," *Journal of African History* 38 (1997): 423–457.

13. Jan Retsö, "The Domestication of the Camel and the Establishment of the Frankincense Road from South Arabia," *Orientalia Suecana* 40 (1991): 187–219.

14. Ryan J. Case, Arthur O. Tucker, Michael J. Maciarello, and Kraig A. Wheeler, "Chemistry and Ethnobotany of Commercial Incense Copals, Copal Blanco, Copal Oro, and Copal Negro, of North America," *Economic Botany* 57 (2003): 189–202.

15. Giulia Gigliarelli, Judith X. Becerra, Massimo Cirini, and Maria Carla Marcotullio, "Chemical Composition and Biological Activities of Fragrant Mexican Copal (*Bursera* spp.)," *Molecules* 20 (2015): 22383–22394.

16. Philip H. Evans, Judith X. Becerra, D. Lawrence Venable, and William S. Bowers, "Chemical Analysis of Squirt-Gun Defense in *Bursera* and Counterdefense by Chrysomelid Beetles," *Journal of Chemical Ecology* 26 (2000): 745–754.

17. Ryan C. Lynch et al., "Genomic and Chemical Diversity in Cannabis," *Critical Reviews in Plant Sciences* 35 (2016): 349–363.

18. Michael Pollan, *The Botany of Desire: A Plant's-Eye View of the World* (New York: Random House, 2001), 111–180.

19. Christelle M. André, Jean-François Hausman, and Gea Guerriero, "*Cannabis sativa*: The Plant of the Thousand and One Molecules," *Frontiers in Plant Science* 7 (2016), 1–17; Ethan B. Russo, "Taming THC: Potential Cannabis Synergy and Phytocannabinoid-Terpenoid Entourage Effects," *British Journal of Pharmacology* 163 (2011): 1344–1364.

02 散发芳香的木头：沉香和檀香

1. Arlene López-Sampson and Tony Page, "History of Use and Trade of Agarwood," *Economic Botany* 72 (2018): 107–129.

2. Regula Naef, "The Volatile and Semi-Volatile Constituents of Agarwood,

the Infected Heartwood of *Aquilaria* Species: A Review," *Flavour and Fragrance Journal* 26 (2011): 73–87.

3. Juan Liu et al., "Agarwood Wound Locations Provide Insight into the Association between Fungal Diversity and Volatile Compounds in *Aquilaria sinensis,*" *Royal Society Open Science* 6 (2019): 190211; Putra Desa Azren, Shiou Yih Lee, Diana Emang, and Rozi Mohamed, "History and Perspectives of Induction Technology for Agarwood Production from Cultivated *Aquilaria* in Asia: A Review," *Journal of Forestry Research* 30 (2018): 1–11; Gao Chen, Changqiu Liu, and Weibang Sun, "Pollination and Seed Dispersal of *Aquilaria sinensis* (Lour.) Gilg (Thymelaeaceae): An Economic Plant Species with Extremely Small Populations in China," *Plant Diversity* 38 (2016): 227–232.

4. P. Saikia and M. L. Khan, "Ecological Features of Cultivated Stands of *Aquilaria malaccensis* Lam. (Thymelaeaceae), a Vulnerable Tropical Tree Species in Assamese Homegardens," *International Journal of Forestry Research* 2014 (2014): 1–16; Subhan C. Nath and Nabin Saikia, "Indigenous Knowledge on Utility and Utilitarian Aspects of *Aquilaria malaccensis* Lamk. in Northeast India," *Indian Journal of Traditional Knowledge* 1 (October 2002): 47–58.

5. D. G. Donovan, and R. K. Puri, "Learning from Traditional Knowledge of Non-Timber Forest Products: Penan Benalui and the Autecology of *Aquilaria* in Indonesian Borneo," *Ecology and Society* 9 (2004): 3.

6. Kikiyo Morita, *The Book of Incense: Enjoying the Traditional Art of Japanese Scents* (Tokyo: Kodansha International, 1992), chaps. 2–4; David Howes, "Hearing Scents, Tasting Sights: Toward a Cross-Cultural Multimodal Theory of Aesthetics," in *Art and the Senses*, ed. David Melcher and Francesca Bacci (Oxford: Oxford Uni- versity Press, 2011), 172–174.

7. Rozi Mohamed and Shiou Yih Lee, "Keeping up Appearances: Agarwood Grades and Quality," in *Agarwood*, ed. Rozi Mohamed (Singapore: Springer Science + Business Media, 2016), 149–167; Pearlin Shabna Naziz, Runima Das, and Supriyo Sen, "The Scent of Stress: Evidence from the Unique Fragrance of Agarwood," *Frontiers in Plant Science* 10 (2019): 840.

8. A. N. Arun Kumar, Geeta Joshi, and H. Y. Mohan Ram, "Sandalwood: History, Uses, Present Status and the Future," *Current Science* 103 (2012): 1408–1416.

9. Danica T. Harbaugh and Bruce G. Baldwin, "Phylogeny and Biogeography of the Sandalwoods (*Santalum,* Santalaceae): Repeated Dispersals Throughout the Pacific," *American Journal of Botany* 94 (2007): 1028–1040.

10. Harbaugh and Baldwin, "Phylogeny," 1036.

11. B. Dhanya, Syam Viswanath, and Seema Purushothman, "Sandal (*Santalum*

album L.) Conservation in Southern India: A Review of Policies and Their Impacts," *Journal of Tropical Agriculture* 48 (2010): 1–10.

12. Kushan U. Tennakoon and Duncan D. Cameron, "The Anatomy of *Santalum album* (Sandalwood) Haustoria," *Canadian Journal of Botany* 84 (2006): 1608–1616; P. Balasubramanian, R. Aruna, C. Anbarasu, and E. Santhoshkumar, "Avian Frugivory and Seed Dispersal of Indian Sandalwood *Santalum album* in Tamil Nadu, India," *Journal of Threatened Taxa* 3 (2011): 1775–1777.

13. Mark Merlin and Dan VanRavenswaay, "History of Human Impact on the Genus *Santalum* in Hawai'i," in *Proceedings of the Symposium on Sandalwood in the Pacific, April 9–11, 1990, Honolulu, Hawaii*, USDA Forest Service General Technical Report PSW-122 (Berkeley, Calif.: Pacific Southwest Research Station, 1990), 46–60.

14. Pamela Statham, "The Sandalwood Industry in Australia: A History," in *Proceedings of the Symposium on Sandalwood in the Pacific, April 9–11, 1990, Honolulu, Hawaii*, USDA Forest Service General Technical Report PSW-122 (Berkeley, Calif.: Pacific Southwest Research Station, 1990), 26–38.

15. Jyoti Marwah, "Research Report for Historical Study of Attars and Essence Making in Kannauj" (Navi Mumbai, India: University of Mumbai, 2012–2014).

16. Günther Ohloff, Wilhelm Pickenhagen, and Philip Kraft, *Scent and Chemistry: The Molecular World of Odors* (Zurich: Wiley-VCH, 2012), 39.

PART 2 香　料

1. Peter Frankopan, *The Silk Roads: A New History of the World* (New York: Alfred A. Knopf, 2015): xiv–xvii.

2. J. M. Haigh, "The British Dispensatory, 1747," *South African Medical Journal* 48 (1974): 2042–2044.

03　西高止山脉上的香料

1. C. Elouard et al., "Monitoring the Structure and Dynamics of a Dense Moist Evergreen Forest in the Western Ghats (Kodagu District, Karnataka, India)," *Tropical Ecology* 38 (1997): 193–214.

2. Marjorie Shaffer, *Pepper: A History of the World's Most Influential Spice* (New York: Thomas Dunne Books, St. Martin's Press, 2013), chap. 2, Kindle.

3. Fenglin Gu, Feifei Huang, Guiping Wu, and Hongying Zhu, "Contribution of Polyphenol Oxidation, Chlorophyll and Vitamin C Degradation to the Blackening of *Piper nigrum* L.," *Molecules* 23 (2018): 370–383; K. A. Buckle, M. Rathnawthie, and J. J. Brophy, "Compositional Differences of

Black, Green and White Pepper (*Piper nigrum* L.) Oil from Three Cultivars," *Journal of Food Technology* 20 (1985): 599–613.

4.　William J. Bernstein, *A Splendid Exchange: How Trade Shaped the World* (New York: Atlantic Monthly Press, 2008), 99–103.

5.　K. G. Sajeeth Kumar, S. Narayanan, V. Udayabhaskaran, and N. K. Thulaseedharan, "Clinical and Epidemiologic Profile and Predictors of Outcome of Poisonous Snake Bites—an Analysis of 1,500 Cases from a Tertiary Care Center in Malabar, North Kerala, India," *International Journal of General Medicine* 11 (2018): 209–216.

6.　Sebastián Montoya-Bustamante, Vladimir Rojas-Díaz, and Alba Marina Torres-González, "Interactions between Frugivorous Bats (Phyllostomidae) and *Piper tuberculatum* (Piperaceae) in a Tropical Dry Forest Remnant in Valle del Cauca, Colombia," *Revista de Biología Tropical* 64 (2016): 701–713.

7.　W. John Kress and Chelsea D. Specht, "Between Cancer and Capricorn: Phylogeny, Evolution and Ecology of the Primarily Tropical Zingiberales," *Biologiske Skrifter* 55 (2005): 459–478.

8.　P. N. Ravindran and K. N. Babu, eds., *Ginger: The Genus* Zingiber (Boca Raton, Fla.. CRC Press, 2005), 552.

9.　Giby Kuriakose, Palatty Allesh Sinu, and K. R. Phivanna, "Domestication of Cardamom (*Elettaria cardamomum*) in Western Ghats, India: Divergence in Productive Traits and a Shift in Major Pollinators," *Annals of Botany* 103 (2009): 727–733; Stuart Farrimond, *The Science of Spice: Understand Flavor Connections and Revolu- tionize Your Cooking* (New York: DK, 2018), 134–135.

10.　Margaret Mayfield and Vasuki V. Belavadi, "Cardamom in the Western Ghats: Bloom Sequences Keep Pollinators in Fields," in *Global Action on Pollination Services for Sustainable Agriculture, Tools for Conservation and Use of Pollination Services: Initial Survey of Good Pollination Practices* (Rome: FAO, 2008), 69–84.

11.　Pei Chen, Jianghao Sun, and Paul Ford, "Differentiation of the Four Major Species of Cinnamons (*C. burmannii, C. verum, C. cassia,* and *C. loureiroi*) Using a Flow Injection Mass Spectrometric (FIMS) Fingerprinting Method," *Journal of Agricultural and Food Chemistry* 62 (2014): 2516–2521; Gopal R. Mallavarapu and B. R. Rajeswara Rao, "Chemical Constituents and Uses of *Cinnamomum zeylanicum* Blume," in *Aromatic Plants from Asia: Their Chemistry and Application in Food and Therapy,* ed. Leopold Jirovetz, Nguyen Xuân Dung, and V. K. Varshney (Dehradun, India: Har Krishan Bhalla and Sons, 2007), 49–75.

12. Jack Turner, *Spice: The History of a Temptation* (New York: Random House, 2008), 145–182.

04　香料群岛

1. "The Historic and Marine Landscape of the Banda Islands," UNESCO, January 30, 2015, https://whc.unesco.org/en/tentativelists/6065/.

2. T. R. van Andel, J. Mazumdar, E. N. T. Barth, and J. F. Veldkamp, "Possible Rumphius Specimens Detected in Paul Hermann's Ceylon Herbarium (1672–1679) in Leiden, The Netherlands," *Blumea—Biodiversity, Evolution and Biogeography of Plants* 63 (2018): 11–19.

3. Manju V. Sharma and Joseph E. Armstrong, "Pollination of *Myristica* and Other Nutmegs in Natural Populations," *Tropical Conservation Science* 6 (2013): 595–607.

4. Diego Francisco Cortés-Rojas, Cláudia R. F. de Souza, and Wanderley Pereira Oliveira, "Clove (*Syzygium aromaticum*): A Precious Spice," *Asian Pacific Journal of Tropical Biomedicine* 4 (2014): 90–96.

5. Stuart Farrimond, *The Science of Spice: Understand Flavor Connections and Revolutionize Your Cooking* (New York: DK, 2018), 12–15.

05　番红花、香子兰和巧克力

1. Maria Grilli Caiola and Antonella Canini, "Looking for Saffron's (*Crocus sativus* L.) Parents," in *Saffron*, ed. Amjad M. Husaini (Ikenobe, Japan: Global Science Books, 2010), 1–14.

2. Juno McKee and A. J. Richards, "Effect of Flower Structure and Flower Colour on Intrafloral Warming and Pollen Germination and Pollen-Tube Growth in Winter Flowering *Crocus* L. (Iridaceae)," *Botanical Journal of the Linnean Society* 128 (1998): 369–384; Casper J. van der Kooi, Peter G. Kevan, and Matthew H. Koski, "The Thermal Ecology of Flowers," *Annals of Botany* 124 (2019): 343–353.

3. Angela Rubio et al., "Cytosolic and Plastoglobule-Targeted Carotenoid Dioxygenases from *Crocus sativus* Are Both Involved in β-Ionone Release," *Journal of Bio- logical Chemistry* 283 (2008): 24816–24825.

4. Victoria Finlay, *Color: A Natural History of the Palette* (New York: Random House, 2004), 202–244; Corine Schleif, "Medieval Memorials: Sights and Sounds Embodied; Feelings, Fragrances and Flavors Re-membered," *Senses and Society* 5 (2010): 73–92.

5. J. C. Motamayor et al., "Cacao Domestication I: The Origin of the Cacao Cultivated by the Mayas," *Heredity* 89 (2002): 380–386.

6. Luis D. Gómez P., "*Vanilla planifolia,* the First Mesoamerican Orchid Illus- trated,

and Notes on the de la Cruz-Badiano Codex," *Lankesteriana* 8 (2008): 81–88.

7. Gigant Rodolphe, Séverine Bory, Michel Grisoni, and Pascale Besse, "Biodiversity and Evolution in the *Vanilla* Genus," in *The Dynamical Processes of Biodiversity: Case Studies of Evolution and Spatial Distribution,* ed. Oscar Grillo (InTechOpen, 2011), doi: 10.5772/24567.

8. R. Kahane et al., "Bourbon Vanilla: Natural Flavour with a Future," *Chronica Horticulturae* 48 (2008): 23–29; Nethaji J. Gallage et al., "The Intracellular Localization of the Vanillin Biosynthetic Machinery in Pods of *Vanilla planifolia,*" *Plant and Cell Physiology* 59 (2018): 304–318.

9. Corine Cochennec and Corinne Duffy, "Authentication of a Flavoring Substance: The Vanillin Case," *Perfumer and Flavorist* 44 (2019): 30–43.

10. Kimberley J. Hockings, Gen Yamakoshi, and Tetsuro Matsuzawa, "Dispersal of a Human-Cultivated Crop by Wild Chimpanzees (*Pan troglodytes verus*) in a Forest–Farm Matrix," *International Journal of Primatology* 38 (2016): 172–193; Maarten van Zonneveld et al., "Human Diets Drive Range Expansion of Megafauna- Dispersed Fruit Species," *PNAS* 115 (2018): 3326–3331.

11. Kofi Frimpong-Anin, Michael K. Adjaloo, Peter K. Kwapong, and William Oduro, "Structure and Stability of Cocoa Flowers and Their Response to Pollina- tion," *Journal of Botany* 2014 (2014): 513623.

12. Eric A. Frimpong, Barbara Gemmill-Herren, Ian Gordon, and Peter K. Kwapong, "Dynamics of Insect Pollinators as Influenced by Cocoa Production Sys- tems in Ghana," *Journal of Insect Pollination* 5 (2011): 74–80.

13. Crinan Jarrett et al., "Moult of Overwintering Wood Warblers *Phylloscopus sibilatrix* in an Annual-Cycle Perspective," *Journal of Ornithology* 162 (2021): 645–653.

14. Veronika Barišić et al., "The Chemistry Behind Chocolate Production," *Molecules* 24 (2019): 3163; Van Thi Thuy Ho, Jian Zhao, and Graham Fleet, "Yeasts Are Essential for Cocoa Bean Fermentation," *International Journal of Food Microbiology* 174 (2014): 72–87.

15. Efraín M. Castro-Alayo et al., "Formation of Aromatic Compounds Precursors During Fermentation of Criollo and Forastero Cocoa," *Heliyon* 5 (2019): e01157.

PART 3　香味花园与芳香草本

1. W. E. Friedman, "The Meaning of Darwin's 'Abominable Mystery,'" *American Journal of Botany* 96 (2009): 5–21; L. Eiseley, *The Immense Journey* (New York: Vintage Books, 1957), 61–76.

2. Stephen Buchmann, *The Reason for Flowers: Their History, Culture, Biology,*

and How They Change Our Lives (New York: Scribner, 2015), 44–61.

3. Chelsea D. Specht and Madelaine E. Bartlett, "Flower Evolution: The Origin and Subsequent Diversification of the Angiosperm Flower," *Annual Review of Ecol- ogy, Evolution, and Systematics* 40 (2009): 217–243.

4. Dani Nadel et al., "Earliest Floral Grave Lining from 13,700–11,700-Y-Old Natufian Burials at Raqefet Cave, Mt. Carmel, Israel," *PNAS* 110 (2013): 11774–11778.

06 花　园

1. S. Yoshi Maezumi et al., "The Legacy of 4,500 Years of Polyculture Agroforestry in the Eastern Amazon," *Nature Plants* 4 (2018): 540–547.

2. Cynthia Barnett, *Rain: A Natural and Cultural History* (New York: Crown, 2015), 210–226; Saba Tabassum, S. Asif, and A. Naqvi, "Traditional Method of Making Attar in Kannauj," *International Journal of Interdisciplinary Research in Science Society and Culture (IJIRSSC)* 2 (2016): 71–80.

3. L. Mahmoudi Farahani, "Persian Gardens: Meanings, Symbolism, and Design," *Landscape Online* 46 (2016): 1–19; Negar Sanaan Bensi, "The Qanat System: A Reflection on the Heritage of the Extraction of Hidden Waters," in *Adaptive Strategies for Water Heritage: Past, Present and Future,* ed. Carola Hein (Basel: Springer International, 2020), 40–57.

4. Phil L. Crossley, "Just Beyond the Eye: Floating Gardens in Aztec Mexico," *Historical Geography* 32 (2004): 111–135.

5. Wikimedia Contributors, "Gardens of Bomarzo," Wikipedia, https:// en.wikipedia.org/wiki/Gardens_of_Bomarzo.

6. Christopher Thacker, *The History of Gardens* (Kent, U.K.: Croom Helm 1979), 263–265.

7. Carolyn Fry, *The Plant Hunters: The Adventures of the World's Greatest Botanical Explorers* (London: Andre Deutsch, 2017).

8. Daniel Stone, *The Food Explorer: The True Adventures of the Globe- Trotting Botanist Who Transformed What America Eats* (New York: Dutton, 2019), 39.

9. Greg Grant and William C. Welch, *The Rose Rustlers* (College Station: Texas A&M University Press, 2017).

07 芬芳花朵与芳香草本

1. Alice Walker, *In Search of Our Mothers' Gardens: Prose,* reprint ed. (Boston: Mariner Books, 1983); Dianne D. Glave, "Rural African American Women, Gardening, and Progressive Reform in the South," in *"To Love the Wind and the Rain": Afri- can Americans and Environmental History,* ed. Dianne

D. Glave and Mark Stoll (Pitts- burgh, Pa.: University of Pittsburgh Press, 2006), 37–41.

2. Pat Willmer, *Pollination and Floral Ecology* (Princeton, N.J.: Princeton University Press, 2011), 261–263, 434–435.

3. Siti-Munirah Mat Yunoh, "Notes on a Ten-Perigoned *Rafflesia azlanii* from the Royal Belum State Park, Perak, Peninsular Malaysia," *Malayan Nature Journal* 72 (2020): 11–17.

4. Robert A. Raguso, "Wake Up and Smell the Roses: The Ecology and Evolution of Floral Scent," *Annual Review of Ecology, Evolution, and Systematics* 39 (2008): 549–569.

5. John Paul Cunningham, Chris J. Moore, Myron P. Zalucki, and Bronwen W. Cribb, "Insect Odour Perception: Recognition of Odour Components by Flower Foraging Moths," *Proceedings of the Royal Society B* 273 (2006): 2035–2040.

6. Alison Abbott, "Plant Biology: Growth Industry," *Nature* 468 (2010): 886–888; Pavan Kumar, Sagar S. Pandit, Anke Steppuhn, and Ian T. Baldwin, "Natural History-Driven, Plant-Mediated RNAi-Based Study Reveals *CYP6B46*'s Role in a Nicotine-Mediated Antipredator Herbivore Defense," *PNAS* 111 (2014): 1245–1252.

7. Danny Kessler, Celia Diezel, and Ian T. Baldwin, "Changing Pollinators as a Means of Escaping Herbivores," *Current Biology* 20 (2010): 237–242.

8. Anne Charlton, "Medicinal Uses of Tobacco in History," *Journal of the Royal Society of Medicine* 97 (2004): 292–296; Sterling Haynes, "Tobacco Smoke Enemas," *BC Medical Journal* 54 (2012): 496–497; Christine Makosky Daley et al., " 'Tobacco Has a Purpose, Not Just a Past' : Feasibility of Developing a Culturally Appropriate Smoking Cessation Program for a Pan-Tribal Native Nation," *Medical Anthropology Quarterly* 20 (2006): 421–440.

9. E. A. D. Mitchell et al., "A Worldwide Survey of Neonicotinoids in Honey," *Science* 358 (2017): 109–111; Thomas James Wood and Dave Goulson, "The Environmental Risks of Neonicotinoid Pesticides: A Review of the Evidence Post 2013," *Environmental Science and Pollution Research* 24 (2017): 17285–17325; Ken Tan et al., "Imidacloprid Alters Foraging and Decreases Bee Avoidance of Predators," *PLoS ONE* 9 (2014): e102725.

10. Philip W. Rundel et al., "Mediterranean Biomes: Evolution of Their Vegetation, Floras, and Climate," *Annual Review of Ecology, Evolution, and Systematics* 47 (2016): 383–407.

11. Ben P. Miller and Kingsley W. Dixon, "Plants and Fire in Kwongan Vegetation," in *Plant Life on the Sandplains in Southwest Australia: A Global Biodiversity Hotspot*, ed. Hans Lambers (Perth: University of Western

Australia Publishing, 2014), 147–170; S,erban Proche,s et al., "An Overview of the Cape Geophytes," *Biological Journal of the Linnean Society* 87 (2006): 27–43; David Barraclough and Rob Slotow, "The South African Keystone Pollinator *Moegistorhynchus longirostris* (Wiedemann, 1819) (Diptera: Nemestrinidae): Notes on Biology, Biogeography and Proboscis Length Variation," *African Invertebrates* 51 (2010): 397–403.

12. Robert A. Raguso and Eran Pichersky, "New Perspectives in Pollination Biology: Floral Fragrances. A Day in the Life of a Linalool Molecule: Chemical Communication in a Plant-Pollinator System. Part 1: Linalool Biosynthesis in Flowering Plants," *Plant Species Biology* 14 (1999): 95–120.

13. Maria Lis-Balchin, ed., *Lavender: The Genus "Lavandula"* (London: Taylor and Francis, 2002), 45.

14. Yann Guitton et al., "Differential Accumulation of Volatile Terpene and Terpene Synthase mRNAs huring Lavender (*Lavandula angustifolia* and *L. x intermedia*) Inflorescence Development," *Physiologia Plantarum* 138 (2010): 150–163.

15. Carlos M. Herrera, "Daily Patterns of Pollinator Activity, Differential Pollinating Effectiveness, and Floral Resource Availability, in a Summer-Flowering Mediterranean Shrub," *Oikos* 58 (1990): 277–288.

08　薔　薇

1. Natalia Dudareva and Eran Pichersky, "Biochemical and Molecular Genetic Aspects of Floral Scents," *Plant Physiology* 122 (2000): 627–634.

2. Constance Classen, *Worlds of Sense: Exploring the Senses in History and Across Cultures* (London: Routledge, 1993), chap. 1; Alain Corbin, *The Foul and the Fragrant: Odour and the Social Imagination* (London: Papermac/Macmillan, 1986), 89–100.

3. Charles Quest-Ritson and Brigid Quest-Ritson, *The American Rose Society Encyclopedia of Roses: The Definitive A–Z Guide to Roses* (London: DK Adult, 2003).

4. Peter E. Kukielski with Charles Phillips, *Rosa: The Story of the Rose* (New Haven: Yale University Press, 2021), 164–170.

5. A. S. Shawl and Robert Adams, "Rose Oil in Kashmiri India," *Perfumer & Flavorist* 34 (2009): 22–25.

6. P. I. Orozov, *The Rose—Its History* (Kazanlak, Bulgaria: Petko Iv. Orozoff et Fils, n.d.).

7. Gabriel Scalliet et al., "Scent Evolution in Chinese Roses," *PNAS* 105 (2008): 5927–5932; Jean-Claude Caissard et al., "Chemical and Histochemical Analysis of 'Quatre Saisons Blanc Mousseux,' a Moss Rose of the *Rosa x*

damascena Group," *Annals of Botany* 97 (2006): 231–238.

8. P. G. Kevan, "Pollination in Roses," in *Reference Module in Life Sciences* (Elsevier, 2017), https://doi.org/10.1016/B978-0-12-809633-8.05070-6.

9. Robert Dressler, *The Orchids: Natural History and Classification* (Cambridge, Mass.: Harvard University Press, 1981), 6–9, 140–141.

10. Salvatore Cozzolino and Alex Widmer, "Orchid Diversity: An Evolutionary Con- sequence of Deception?," *Trends in Ecology and Evolution* 20 (2005): 487–494; Stephen L. Buchmann and Gary Paul Nabhan, *The Forgotten Pollinators* (Washington, D.C.: Island Press/Shearwater Books, 1996), 47–64.

11. Claire Micheneau, Steven D. Johnson, and Michael F. Fay, "Orchid Pollination: From Darwin to the Present Day," *Botanical Journal of the Linnean Society* 161 (2009): 1–19.

PART 4 香水制造：从柑橘到麝香

1. Ann Harman, *Harvest to Hydrosol: Distill Your Own Exquisite Hydrosols at Home* (Fruitland, Wash.: IAG Botanics, 2015), 3–7.

2. Ernest Guenther, *The Essential Oils,* vol. 1: *History—Origin in Plants—Production—Analysis* (New York: D. Van Nostrand, 1948), 189–198.

09 简朴的开始：薄荷与松节油

1. Mandy Aftel, *Fragrant: The Secret Life of Scent* (New York: Riverhead Books, 2014), 79–122; Dan Allosso, *Peppermint Kings: A Rural American History* (New Haven: Yale University Press, 2020).

2. John C. Leffingwell et al., "Clary Sage Production in the Southeastern United States," in *6th International Congress of Essential Oils* (San Francisco, 1974).

3. William M. Ciesla, Non-Wood Forest Products from Conifers (Rome: FAO, 1998); Cassandra Y. Johnson and Josh McDaniel, "Turpentine Negro," in *"To Love the Wind and the Rain": African Americans and Environmental History,* eds. Dianne D. Glave and Mark Stoll (Pittsburgh, Pa.: University of Pittsburgh Press, 2006), 51–62.

4. Susan Trapp and Rodney Croteau, "Defensive Resin Biosynthesis in Conifers," *Annual Review of Plant Biology* 52 (2001): 689–724.

5. Aljos Farjon, "The Kew Review: Conifers of the World," *Kew Bulletin* 73 (2018): 8.

6. Herbert L. Edlin, *Know Your Conifers*, Forestry Commission Booklet No. 15 (London: Her Majesty's Stationery Office, 1966); James E. Eckenwalder, *Conifers of the World: The Complete Reference* (Portland, Ore.: Timber

Press, 2009).

7. S. Khuri et al., "Conservation of the *Cedrus libani* Populations in Lebanon: History, Current Status and Experimental Application of Somatic Embryogenesis," *Biodiversity and Conservation* 9 (2000): 1261–1273.

10 香水的香调

1. G. W. Septimus Piesse, *The Art of Perfumery and Method of Obtaining the Odors of Plants* (Philadelphia: Lindsay and Blakiston, 1857), 162–163.

2. "The Skills Related to Perfume in Pays de Grasse: The Cultivation of Perfume Plants, the Knowledge and Processing of Natural Raw Materials, and the Art of Perfume Composition," UNESCO, https://ich.unesco.org/en/RL/the-skills-related-to-perfume-in-pays-de-grasse-the-cultivation-of-perfume-plants-the-knowledge-and-processing-of-natural-raw-materials-and-the-art-of-perfume-composition-01207.

3. J. W. Kesterson, R. Hendrickson, and R. J. Braddock, *Florida Citrus Oils* (Gainesville: University of Florida Agricultural Experiment Stations, 1971), 6–7.

4. Steffen Arctander, *Perfume and Flavor Materials of Natural Origin* (Carol Stream, Ill.: Allured, 1994), 69–70.

5. Gina Maruca et al., "The Fascinating History of Bergamot (*Citrus bergamia* Risso & Poiteau), the Exclusive Essence of Calabria: A Review," *Journal of Environ- mental Science and Engineering A* 6 (2017): 22–30.

6. Guohong Albert Wu et al., "Genomics of the Origin and Evolution of Citrus," *Nature* 554 (2018): 311–316.

7. Pierre-Jean Hellivan, "Jasmine: Reinventing the 'King of Perfumes,' " *Perfumer & Flavorist* 34 (2009): 42–51.

8. Peter Green and Diana Miller, *The Genus* Jasminum *in Cultivation* (Kew, U.K.: Royal Botanic Gardens, Kew, 2010), 1; A. B. Camps, "Atypical Jasmines in Perfumery," *Perfumer & Flavorist* 34 (2009): 20–26.

9. N. S. Lestari, "Jasmine Flowers in Javanese Mysticism," *International Review of Humanities Studies* 4 (2019): 192–200.

10. International Federation of Essential Oils and Aroma Trades, "Jasmine: An Overview of Its Essential Oils and Sources," *Perfumer & Flavorist,* January 28, 2019, www.perfumerflavorist.com/fragrance/rawmaterials/natural/Jasmine-An-Overview-of-its-Essential-Oils--Sources-504866941.html.

11. Olivier Cresp, Jacques Cavalier, Pierre-Alain Blanc, and Alberto Morillas, "Let There Be Light: 50 Years of Hedione," *Perfumer & Flavorist* 36 (2011): 24–26.

12. Ziqiang Zhu and Richard Napier, "Jasmonate—a Blooming Decade,"

Journal of Experimental Botany 68 (2017): 1299–1302; Parvaiz Ahmad et al., "Jasmonates: Multifunctional Roles in Stress Tolerance," *Frontiers in Plant Science* 7 (2016): 1–15.

13. Selena Gimenez-Ibanez and Roberto Solano, "Nuclear Jasmonate and Salicylate Signaling and Crosstalk in Defense Against Pathogens," *Frontiers in Plant Science* 4 (2013): 72.

14. Rodrigo Barba-Gonzalez et al., "Mexican Geophytes I. The Genus *Polianthes*," *Floriculture and Ornamental Biotechnology* 6 (2012): 122–128.

15. A. J. Beattie, "The Floral Biology of Three Species of *Viola*," *New Phytologist* 68 (1969): 1187–1201; J. P. Bizoux et al., "Ecology and Conservation of Belgian Populations of *Viola calaminara*, a Metallophyte with a Restricted Geographic Distribution," *Belgian Journal of Botany* 137 (2004): 91–104.

16. Günther Ohloff, Wilhelm Pickenhagen, and Philip Kraft, *Scent and Chemistry: The Molecular World of Odors* (Zurich: Wiley-VCH, 2012), 191–192.

17. Jianxin Fu et al., "The Emission of the Floral Scent of Four *Osmanthus fragrans* Cultivars in Response to Different Temperatures," *Molecules* 22 (2017): 430.

18. Joshua P. Shaw, Sunni J. Taylor, Mary C. Dobson, and Noland H. Martin, "Pollinator Isolation in Louisiana Iris: Legitimacy and Pollen Transfer," *Evolutionary Ecology Research* 18 (2017): 429–441.

19. Kapil Kishor Khadka and Douglas A. James, "Habitat Selection by Endangered Himalayan Musk Deer (*Moschus chrysogaster*) and Impacts of Livestock Grazing in Nepal Himalaya: Implications for Conservation," *Journal for Nature Conservation* 31 (2016): 38–42; Thinley Wangdi et al., "The Distribution, Status and Conservation of the Himalayan Musk Deer *Moschus chrysogaster* in Sakteng Wildlife Sanctuary," *Global Ecology and Conservation* 17 (2019): e00466.

20. D. Mudappa, "Herpestids, Viverrids and Mustelids," in *Mammals of South Asia*, ed. A. J. T. Johnsingh and Nima Manjrekar, vol. 1 (Hyderabad, India: Universities Press, 2012), 471–498.

21. R. Clarke, "The Origin of Ambergris," *Latin American Journal of Aquatic Mammals* 5 (2006): 7–21; Christopher Kemp, *Floating Gold: A Natural (and Unnatural) History of Ambergris* (Chicago: University of Chicago Press, 2012), 13–16.

11 不可能的花与香水的打造

1. Marc O. Waelti, Paul A. Page, Alex Widmer, and Florian P. Schiestl, "How to

Be an Attractive Male: Floral Dimorphism and Attractiveness to Pollinators in a Dioecious Plant," *BMC Evolutionary Biology* 9 (2009): 190; S. Dötterl and A. Jürgens, "Spatial Fragrance Patterns in Flowers of *Silene latifolia*: Lilac Compounds as Olfactory Nectar Guides?," *Plant Systematics and Evolution* 255 (2005): 99–109.

2. Chloé Lahondère et al., "The Olfactory Basis of Orchid Pollination by Mosquitoes," *PNAS* 117 (2020): 708–716.

3. G. W. Septimus Piesse, *The Art of Perfumery and Method of Obtaining the Odors of Plants* (Philadelphia: Lindsay and Blakiston, 1857).

12 芳香世界：产业与时尚

1. Alain Corbin, *The Foul and the Fragrant: Odour and the Social Imagination* (Lon- don: Papermac/Macmillan 1986), 176–181.

2. George S. Clark, "An Aroma Chemical Profile: Coumarin," *Perfumer and Flavorist* 20 (1995): 23–34; Robin Wall Kimmerer, *Braiding Sweetgrass: Indigenous Wisdom, Scientific Knowledge, and the Teachings of Plants* (Minneapolis, Minn.: Milkweed Editions, 2013), 156–157.

3. Günther Ohloff, Wilhelm Pickenhagen, and Philip Kraft, *Scent and Chemistry: The Molecular World of Odors* (Zurich: Wiley-VCH, 2012), 7.

4. Anne-Dominique Fortineau, "Chemistry Perfumes Your Daily Life," *Journal of Chemistry Education* 81 (2004): 45–50.

5. Tilar J. Mazzeo, *The Secret of Chanel No. 5: The Intimate History of the World's Most Famous Perfume* (New York: Harper Perennial, 2011), 59–72.

6. Jean-Claude Ellena, *Perfume: The Alchemy of Scent* (New York: Arcade, 2011).

7. Catherine L. Ludlow et al., "Independent Origins of Yeast Associated with Coffee and Cacao Fermentation," *Current Biology* 26 (2016): 965–971.

8. Erick J. Vandamme, "Bioflavours and Fragrances via Fungi and Their Enzymes," *Fungal Diversity* 13 (2003): 153–166.

9. Anya McCoy, *Homemade Perfume: Create Exquisite, Naturally Scented Products to Fill Your Life with Botanical Aromas* (Salem, Mass.: Page Street, 2018).

10. Mandy Aftel, *Essence and Alchemy: A Natural History of Perfume* (Layton, Utah: Gibbs Smith, 2001); Harold McGee, *Nose Dive: A Field Guide to the World's Smells* (New York: Penguin, 2020).

索 引
（索引中页码为英文原书页码即本书页边码，斜体数字表示插图）

图书在版编目(CIP)数据

芳香世界：香味的博物志 / (美) 埃莉斯·弗农·珀尔斯汀 (Elise Vernon Pearlstine) 著；王晨译. -- 北京：社会科学文献出版社，2023.8 (2024.5重印)

书名原文: Scent: A Natural History of Fragrance

ISBN 978-7-5228-1854-2

Ⅰ.①芳… Ⅱ.①埃… ②王… Ⅲ.①植物-芳香族化合物 Ⅳ.①Q946.82

中国国家版本馆CIP数据核字（2023）第095669号

芳香世界：香味的博物志

著　者 / [美]埃莉斯·弗农·珀尔斯汀（Elise Vernon Pearlstine）
译　者 / 王　晨

出 版 人 / 冀祥德
责任编辑 / 王　雪　杨　轩
文稿编辑 / 顾　萌
责任印制 / 王京美

出　　版 / 社会科学文献出版社（010）59367069
　　　　　地址：北京市北三环中路甲29号院华龙大厦　邮编：100029
　　　　　网址：www.ssap.com.cn
发　　行 / 社会科学文献出版社（010）59367028
印　　装 / 北京盛通印刷股份有限公司

规　　格 / 开　本：889mm×1194mm　1/32
　　　　　印　张：10.75　字　数：191千字
版　　次 / 2023年8月第1版　2024年5月第3次印刷
书　　号 / ISBN 978-7-5228-1854-2
著作权合同
登 记 号 / 图字01-2022-5387号
定　　价 / 79.00元

读者服务电话：4008918866